MINISTÈRE DES TRAVAUX PUBLICS

ÉTUDES

DES

GÎTES MINÉRAUX

DE LA FRANCE

PUBLIÉES SOUS LES AUSPICES DE M. LE MINISTRE DES TRAVAUX PUBLICS
PAR LE SERVICE DES TOPOGRAPHIES SOUTERRAINES

COLONIES FRANÇAISES

FLORE FOSSILE

DES

GÎTES DE CHARBON DU TONKIN

PAR

R. ZEILLER

INGÉNIEUR EN CHEF DES MINES, MEMBRE DE L'INSTITUT

PUBLIÉE AVEC LA PARTICIPATION DU GOUVERNEMENT DE L'INDO-CHINE

ATLAS

PHOTOTYPIES DE L. SOHIER

PARIS

IMPRIMERIE NATIONALE

MDCCCCII

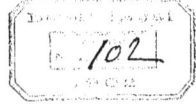

FLORE FOSSILE

DES

GÎTES DE CHARBON DU TONKIN

———

ATLAS

MINISTÈRE DES TRAVAUX PUBLICS

ÉTUDES

DES

GÎTES MINÉRAUX

DE LA FRANCE

PUBLIÉES SOUS LES AUSPICES DE M. LE MINISTRE DES TRAVAUX PUBLICS
PAR LE SERVICE DES TOPOGRAPHIES SOUTERRAINES

COLONIES FRANÇAISES

FLORE FOSSILE

DES

GÎTES DE CHARBON DU TONKIN

PAR

R. ZEILLER

INGÉNIEUR EN CHEF DES MINES, MEMBRE DE L'INSTITUT

PUBLIÉE AVEC LA PARTICIPATION DU GOUVERNEMENT DE L'INDO-CHINE

ATLAS

PHOTOTYPIES DE L. SOHIER

PARIS

IMPRIMERIE NATIONALE

MDCCCCII

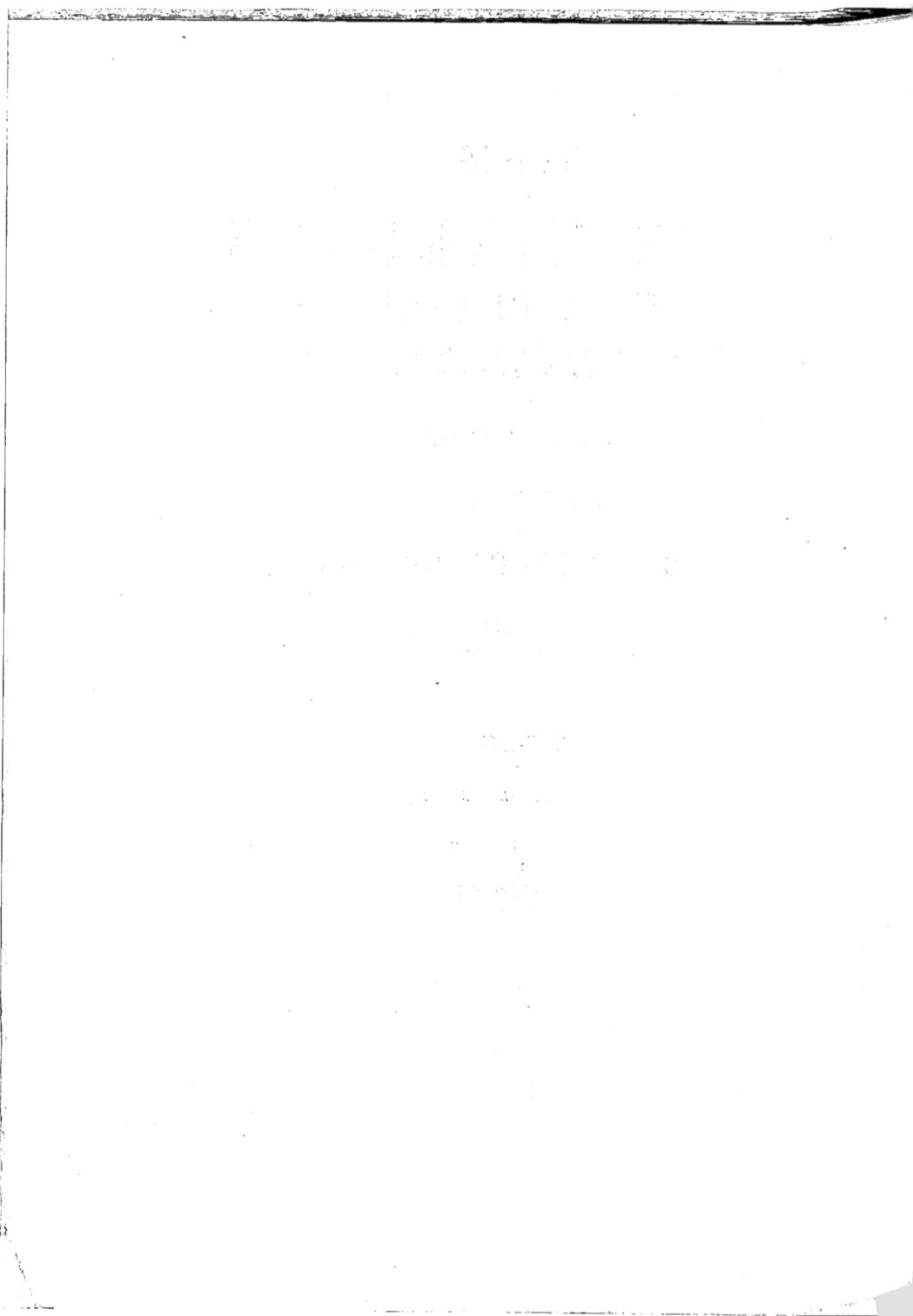

TABLE ALPHABÉTIQUE

DES ESPÈCES FIGURÉES.

———

Ammonitidée (?) .... Pl. LIII, fig. 4.
Angiopteris (?).............................. Pl. LI, fig. 1.
Annulariopsis inopinata, nov. gen., n. sp. .... Pl. XXXV, fig. 2-7.

Baiera Guilhaumati n. sp...................... Pl. L, fig. 16-19.

Cladophlebis cf. lobifolia Phillips (sp.)............ Pl. IV, fig. 1.
Clad. nebbensis Brongniart (sp.)................ Pl. IV, fig. 2-4.
Clad. Raciborskii n. sp....................... Pl. V, fig. 1.
Clad. (Todea) Rœsserti Presl (sp.)............... Pl. II, fig. 1-7; pl. III, fig. 1-3; pl. LIV,
    fig. 1, 2.
Clathropteris platyphylla Gœppert (sp.)........... Pl. XXVII, fig. 2, 3; pl. XXVIII, fig. 1,
    2; pl. XXIX, fig. 1-4; pl. XXX,
    fig. 1-8; pl. XXXI, fig. 1; pl. XXXII-
    XXXIII, fig. 1; pl. XXXIV, fig. 1;
    pl. LVI, fig. 4.

Conites Leclerei n. sp. .... Pl. L, fig. 15.
Conites sp................................. Pl. L, fig. 9-12.
Conites sp. (cf. Kaidacarpum sibiricum Heer) ...... Pl. L, fig. 13, 14.
Ctenopteris Sarrani n. sp. .... Pl. VI-VII, fig. 1; pl. VIII, fig. 1, 2.
Cycadites Saladini Zeiller..................... Pl. XLI, fig. 1-4.
Cycadolepis corrugata n. sp.................... Pl. XLIV, fig. 1; pl. L, fig. 1-4.
Cycadol. granulata n. sp. .... Pl. L, fig. 5.
Cycadol. cf. villosa Saporta .... Pl. L, fig. 6.

Danæopsis cf. Hughesi Feistmantel............. Pl. IX, fig. 1.
Dictyophyllum Fuchsi Zeiller................. Pl. XVIII, fig. 1, 2.
Dictyoph. Nathorsti n. sp. .... Pl. XXIII, fig. 1; pl. XXIV, fig. 1;
    pl. XXV, fig. 1-6; pl. XXVI, fig. 1-3;
    pl. XXVII, fig. 1; pl. XXVIII, fig. 3;
    pl. LVI, fig. 3.

Dictyoph. Remauryi n. sp...................... Pl. XIX, fig. 1, 2; pl. XX, fig. 1-4;
pl. XXI, fig. 1, 2.
Dictyoph. Sarrani n. sp........................ Pl. XXII, fig. 1.

Écailles d'attribution incertaine.................. Pl. L, fig. 8.
Equisetum Sarrani n. sp....................... Pl. XXXIX, fig. 1-13.
Etoblattina brevis SCUDDER (n. sp.)............... Pl. LIII, fig. 3.
Etobl. obscura SCUDDER (n. sp.).................. Pl. LIII, fig. 2.

Ficus Beauveriei n. sp......................... Pl. LI, fig. 4-13.
Flabellaria sp................................ Pl. LII, fig. 1.
Fruit (ou graine) d'attribution incertaine.......... Pl. LII, fig. 7.

Gerablattina elegans SCUDDER (n. sp.)............. Pl. LIII, fig. 1.
Glossopteris angustifolia BRONGNIART............. Pl. LVI, fig. 2.
Gloss. indica SCHIMPER........................ Pl. XVI, fig. 2-5; pl. LVI, fig. 1

Nœggerathiopsis Hislopi BUNBURY (sp.)........... Pl. XL, fig. 1-6.
Nœggerathiopsis Hislopi (?) [rameaux]............ Pl. XL, fig. 7-9.

Organes d'attribution problématique.............. Pl. L, fig. 20.
Otozamites indosinensis n. sp................... Pl. XLIII, fig. 1.
Otoz. rarinervis FEISTMANTEL .... Pl. XLIII, fig. 2.

Palæovittaria Kurzi FEISTMANTEL .... Pl. XVI, fig. 1.
Pecopteris adumbrata n. sp..................... Pl. I, fig. 3.
Pec. (Asterotheca) Cottoni n. sp................. Pl. I, fig. 4-9.
Pec. (Bernoullia?) sp.......................... Pl. I, fig. 14-16.
Pec. tonquinensis ZEILLER...................... Pl. I, fig. 10-13.
Phyllites sp.................................. Pl. LII, fig. 3.
      —   .... Pl. LII, fig. 4.
      —   .... Pl. LII, fig. 5.
      —   .... Pl. LII, fig. 6.
Poacites sp. .... Pl. LII, fig. 2.
Podozamites distans PRESL (sp.)................. Pl. XLII, fig. 1-4.
Podoz. Schenki HEER.......................... Pl. XLII, fig. 5, 6.
Pterophyllum æquale BRONGNIART (sp.).......... Pl. XLIX, fig. 4-7.
Pteroph. Bavieri n. sp......................... Pl. XLIX, fig. 1-3.
Pteroph. contiguum SCHENK..................... Pl. XLVIII, fig. 1-8.
Pteroph. (Anomozamites) inconstans BRAUN (sp.)..... Pl. XLIII, fig. 8; pl. XLIV, fig. 1-5;
pl. LVI, fig. 6.
Pteroph. Münsteri PRESL (sp.).................. Pl. XLV, fig. 1-5.
Pteroph. Portali n. sp......................... Pl. XLVI, fig. 1-5.
Pteroph. (Anomozamites) Schenki ZEILLER......... Pl. XLIII, fig. 7.
Pterophyllum sp.............................. Pl. LVI, fig. 5.
Pteroph. Tietzei SCHENK....................... Pl. XLVII, fig. 1.

Ptilophyllum acutifolium Morris................. Pl. LVI, fig. 7, 8.

Salvinia formosa Heer....................... Pl. LI, fig. 2, 3.
Schizoneura Carrerei n. sp..................... Pl. XXXVI, fig. 1, 2; pl. XXXVII, fig. 1;
                                               pl. XXXVIII, fig. 1-8.
Selliguea sp................................ Pl. LI, fig. 1.
Sphenopteris cf. princeps Presl. (sp.)............. Pl. I, fig. 1, 2.
Spiropteris Schimper........................ Pl. XXXV, fig. 1.

Tæniopteris (?)............................. Pl. XII, fig. 5.
Tæniopteris ensis Oldham.................... Pl. IX, fig. 2.
Tæn. cf. immersa Nathorst................... Pl. LIV, fig. 5.
Tæn. Jourdyi Zeiller....................... Pl. X, fig. 1-6; pl. XI, fig. 1-4; pl. XII,
                                               fig. 1-4, 6-8; pl. XIII, fig. 1-5.
Tæn. Leclerei n. sp.......................... Pl. LV, fig. 1-4.
Tæn. cf. Mac Clellandi Oldham et Morris (sp.)..... Pl. IX, fig. 3-5.
Tæn. (Marattia) Münsteri Goeppert............. Pl. IX, fig. 6-8.
Tæn. nilssonioides n. sp...................... Pl. XV, fig. 1-4.
Tæn. spatulata Mac Clelland.................. Pl. XIII, fig. 6-12.
Tæn. virgulata n. sp........................ Pl. XIV, fig. 1-3.

Unio sp................................... Pl. LIII, fig. 9-10.

Vivipara (Tylotoma) cf. Sturi Neumayr........... Pl. LIII, fig. 5-8.

Williamsonia (??)........................... Pl. L, fig. 7.
Woodwardites microlobus Schenk............... Pl. XVII, fig. 1-5.

Zamites truncatus n. sp...................... Pl. XLIII, fig. 3-6.

PLANCHE I

PLANCHE I.

EXPLICATION DES FIGURES.

Fig. 1. — **Sphenopteris** cf. **princeps** Presl. — Empreinte d'un fragment de fronde.
Mines de Kébao, système supérieur, couche n° 2, galerie M.

Fig. 1a. — Portion du même échantillon, grossie deux fois.

Fig. 2. — **Sphenopteris** cf. **princeps** Presl. — Fragment de fronde.
Kébao, puits Lanessan, travers-bancs Nord.

Fig. 2a. — Portion du même échantillon, grossie deux fois.

Fig. 3. — **Pecopteris adumbrata** n. sp. — Fragment de penne.
Mines de Hongaÿ : Hatou, au toit de la grande couche.

Fig. 3a. — Portion du même échantillon, grossie deux fois.

Fig. 4. — **Pecopteris (Asterotheca) Cottoni** n. sp. — Fragments de pennes.
Hongaÿ, vallée orientale de l'OEuf, galerie Léonice.

Fig. 4a, 4b. — Portions du même échantillon, grossies deux fois.

Fig. 5. — **Pecopteris (Asterotheca) Cottoni** n. sp. — Fragment de penne, à pinnules inférieures fertiles.
Mine de Nong-Sön (Annam).

Fig. 5a. — Portion du même échantillon, grossie deux fois.

Fig. 6. — **Pecopteris (Asterotheca) Cottoni** n. sp. — Partie supérieure d'une penne.
Hongaÿ, vallée orientale de l'OEuf, galerie Léonice.

Fig. 7. — **Pecopteris (Asterotheca) Cottoni** n. sp. — Empreinte d'une penne fertile.
Hongaÿ, vallée orientale de l'OEuf, galerie Léonice.

Fig. 7a. — Portion du même échantillon, grossie deux fois.

Fig. 8. — **Pecopteris (Asterotheca) Cottoni** n. sp. — Empreintes en creux de groupes de
sporanges, grossies quinze fois.
Hongaÿ, mine de Carrère, au toit de la couche Marmottan.

Fig. 9. — **Pecopteris (Asterotheca) Cottoni** n. sp. — Fragment de penne fertile.
Kébao, puits Lanessan.

Fig. 9a. — Portion du même échantillon, grossie deux fois.

Fig. 10. — **Pecopteris tonquinensis** Zeiller. — Fragments de pennes (celui de gauche figuré
Bull. Soc. Géol. de France, 3ᵉ série, t. XIV, pl. XXIV, fig. 2).
Bassin de Hongaÿ.

Fig. 11. — **Pecopteris tonquinensis** Zeiller. — Fragment de penne (figuré *Bull. Soc. Géol.
de France*, 3ᵉ série, t. XIV, pl. XXIV, fig. 4).
Bassin de Hongaÿ.

Fig. 11a. — Portion du même échantillon, grossie deux fois.

Fig. 12. — **Pecopteris tonquinensis** Zeiller. — Fragment de penne.
Bassin de Hongaÿ.

Fig. 13. — **Pecopteris tonquinensis** Zeiller. — Fragment de penne (figuré *Bull. Soc. Géol.
de France*, t. XIV, pl. XXIV, fig. 3).
Bassin de Hongaÿ.

Fig. 13a. — Portion du même échantillon, grossie deux fois.

Fig. 14 à 16. — **Pecopteris (Bernoullia?)** sp. — Fragments de pennes.
Hongaÿ, affleurements du chemin des Singes.

Fig. 14a et 15a. — Portions des échantillons fig. 14 et fig. 15, grossies deux fois.

Pl. I

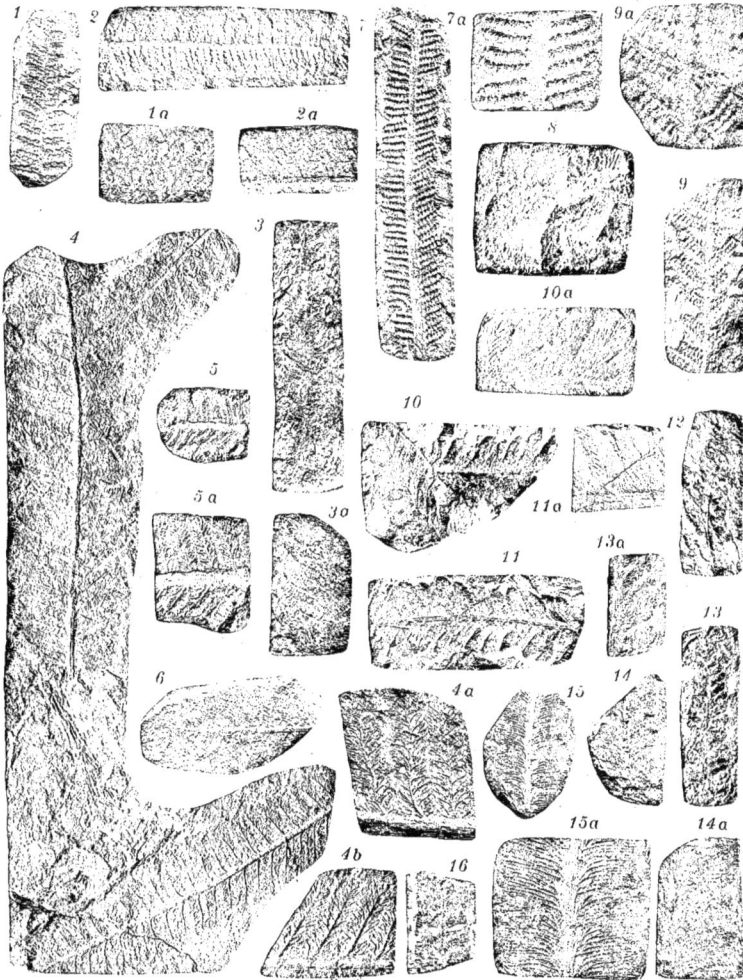

Phototypie Sohier — Champigny-s/Marne (Seine)

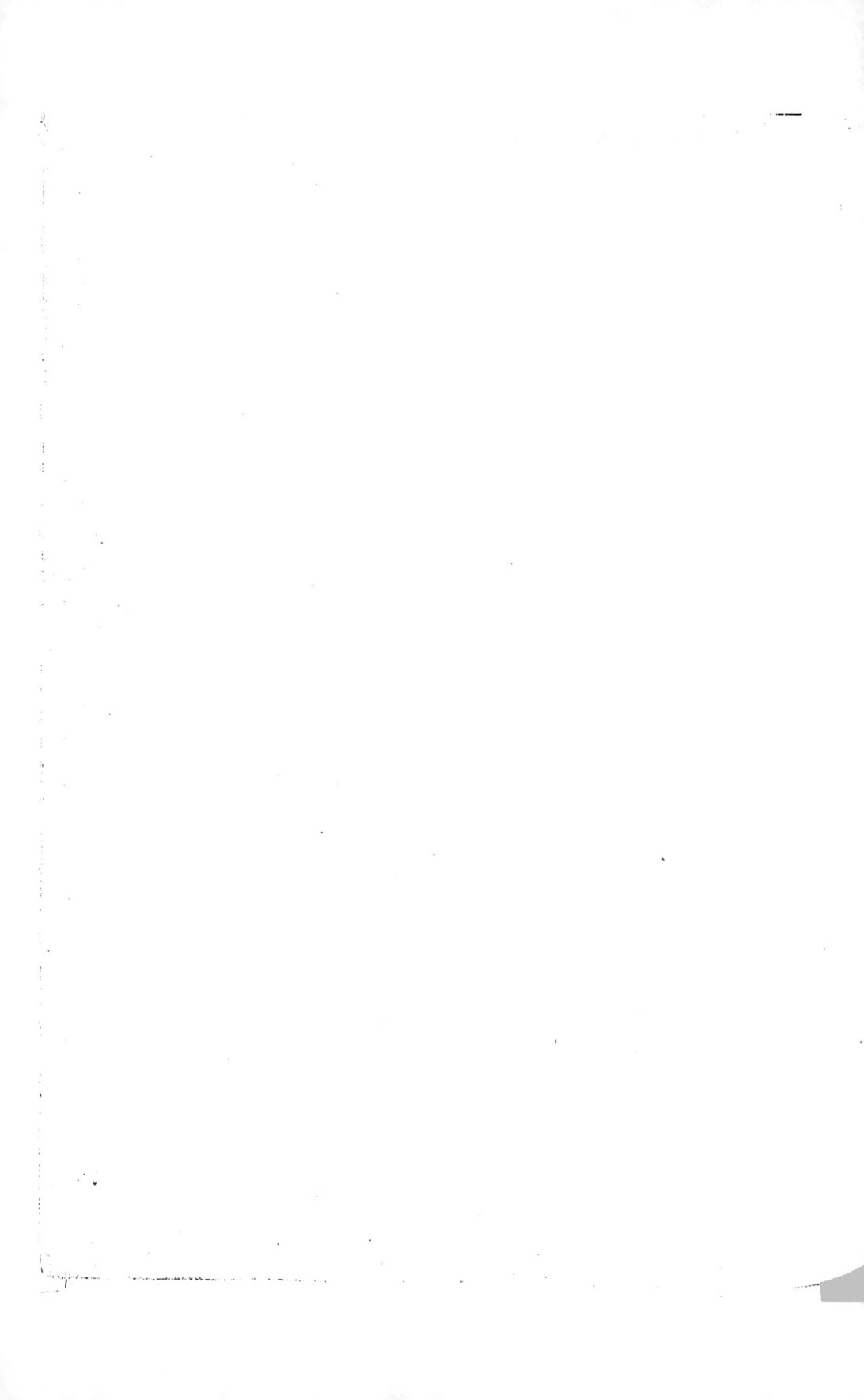

PLANCHE II

PLANCHE II.

EXPLICATION DES FIGURES.

F<small>IG</small>. 1 à 3. — **Cladophlebis (Todea) Rœsserti** P<small>RESL</small> (sp.). — Fragments de frondes. Hongaÿ, mine de Carrère, au toit de la couche Chater.

F<small>IG</small>. 3 a. — Portion de l'échantillon fig. 3, grossie deux fois.

F<small>IG</small>. 4. — **Cladophlebis (Todea) Rœsserti** P<small>RESL</small> (sp.). — Fragment de penne. Mines de Hongaÿ : Hatou, découvert Nord, au mur de la grande couche.

F<small>IG</small>. 4 a. — Portion du même échantillon, grossie deux fois.

F<small>IG</small>. 5, 6. — **Cladophlebis (Todea) Rœsserti** P<small>RESL</small> (sp.). — Fragments de frondes. Mines de Hongaÿ : Hatou, au toit de la grande couche.

F<small>IG</small>. 5 a, 6 a, 6 b. — Portions des mêmes échantillons, grossies deux fois.

F<small>IG</small>. 7. — **Cladophlebis (Todea) Rœsserti** P<small>RESL</small> (sp.). — Fragment de fronde. Hongaÿ, mine de Carrère, au toit de la couche Chater.

F<small>IG</small>. 7 a — Portion du même échantillon, grossie deux fois.

Pl. II

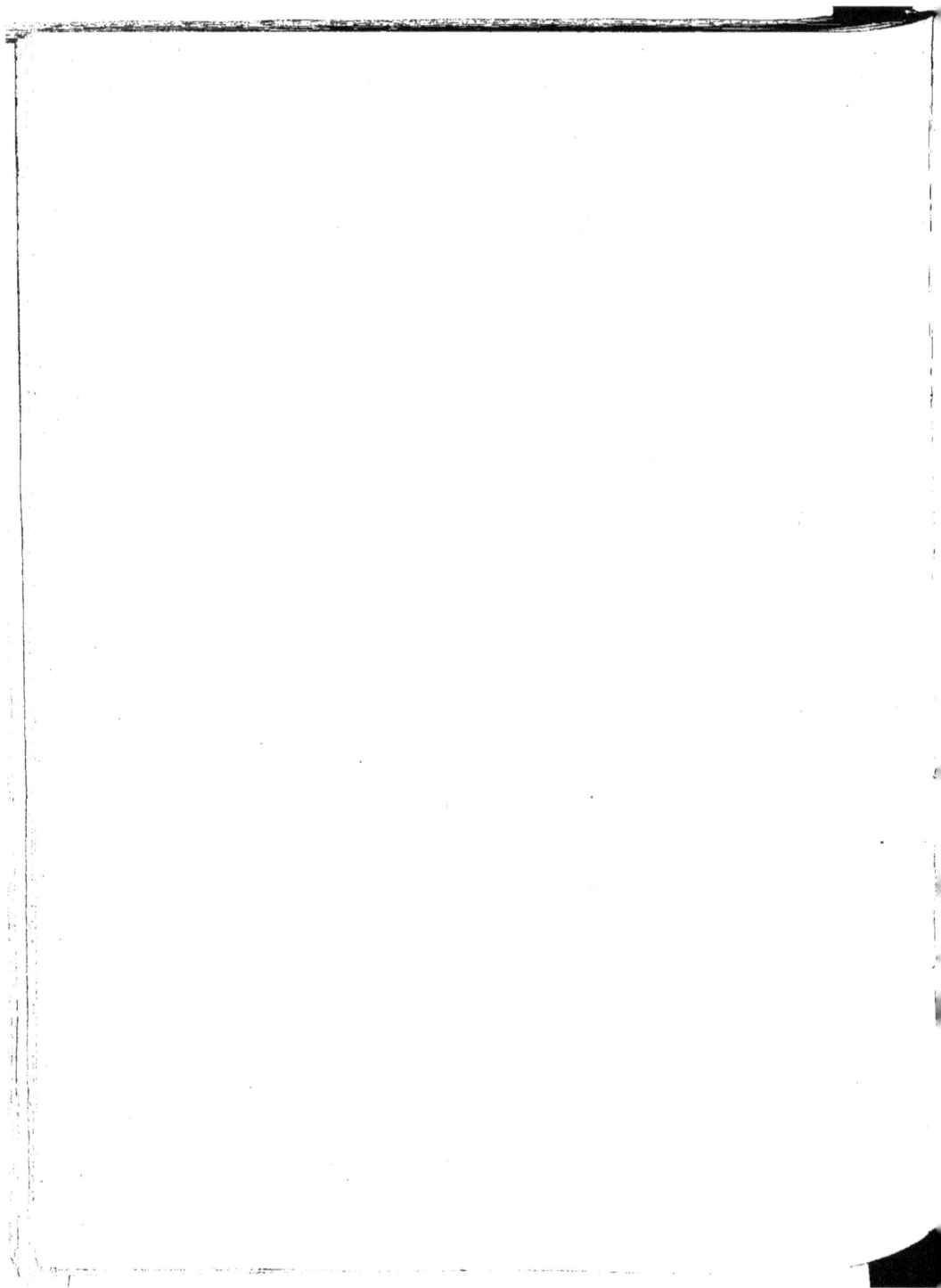

PLANCHE III

PLANCHE III.

EXPLICATION DES FIGURES.

FIG. 1. — **Cladophlebis (Todea) Rœsserti** PRESL (sp.). — Empreinte d'une fronde fertile.
Kébao, puits Lanessan, travers-bancs Nord.

FIG. 1a, 1b. — Portions du même échantillon, grossies deux fois.

FIG. 1c, 1d, 1e, 1f. — Portions du même échantillon, grossies vingt-cinq fois, montrant les empreintes des sporanges.

FIG. 2. — **Cladophlebis (Todea) Rœsserti** PRESL (sp.). — Empreinte d'un fragment de penne fertile.
Mines de Hongaÿ : Hatou, grande couche.

FIG. 2a. — Portion du même échantillon, grossie deux fois.

FIG. 3. — **Cladophlebis (Todea) Rœsserti** PRESL (sp.). — Fragment de penne fertile.
Hongaÿ, mine de Carrère, au mur de la couche Marmottan.

FIG. 3a. — Portion du même échantillon, grossie deux fois.

FIG. 3b. — Sporanges du même échantillon, grossis vingt-cinq fois.

Pl. III

Phototypie Sohier — Champigny-s/Marne (Seine)

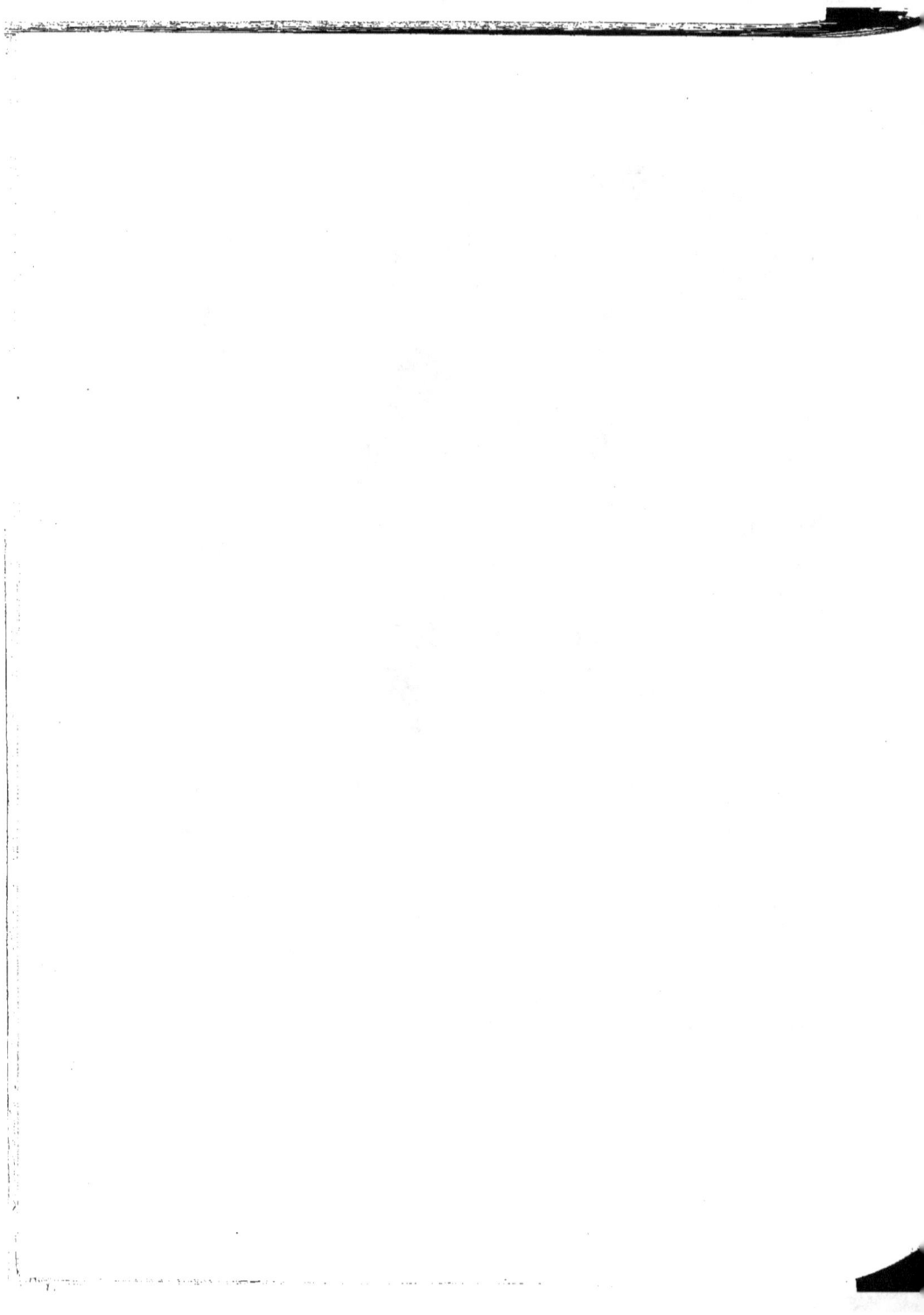

PLANCHE IV

PLANCHE IV.

EXPLICATION DES FIGURES.

Fig. 1. — **Cladophlebis cf. lobifolia** Phillips (sp.). — Portion de fronde.
Kébao, puits Lanessan, étage de 120 mètres, travers-bancs Nord.

Fig. 1a, 1b, 1c. — Portions du même échantillon, grossies deux fois.

Fig. 2 à 4. — **Cladophlebis nebbensis** Brongniart (sp.). — Fragments de frondes.
Hongaÿ, mine de Carrère, au toit de la couche Bavier.

Fig. 3a, 4a, 4b, 4c. — Portions des échantillons fig. 3 et fig. 4, grossies deux fois.

Pl. IV

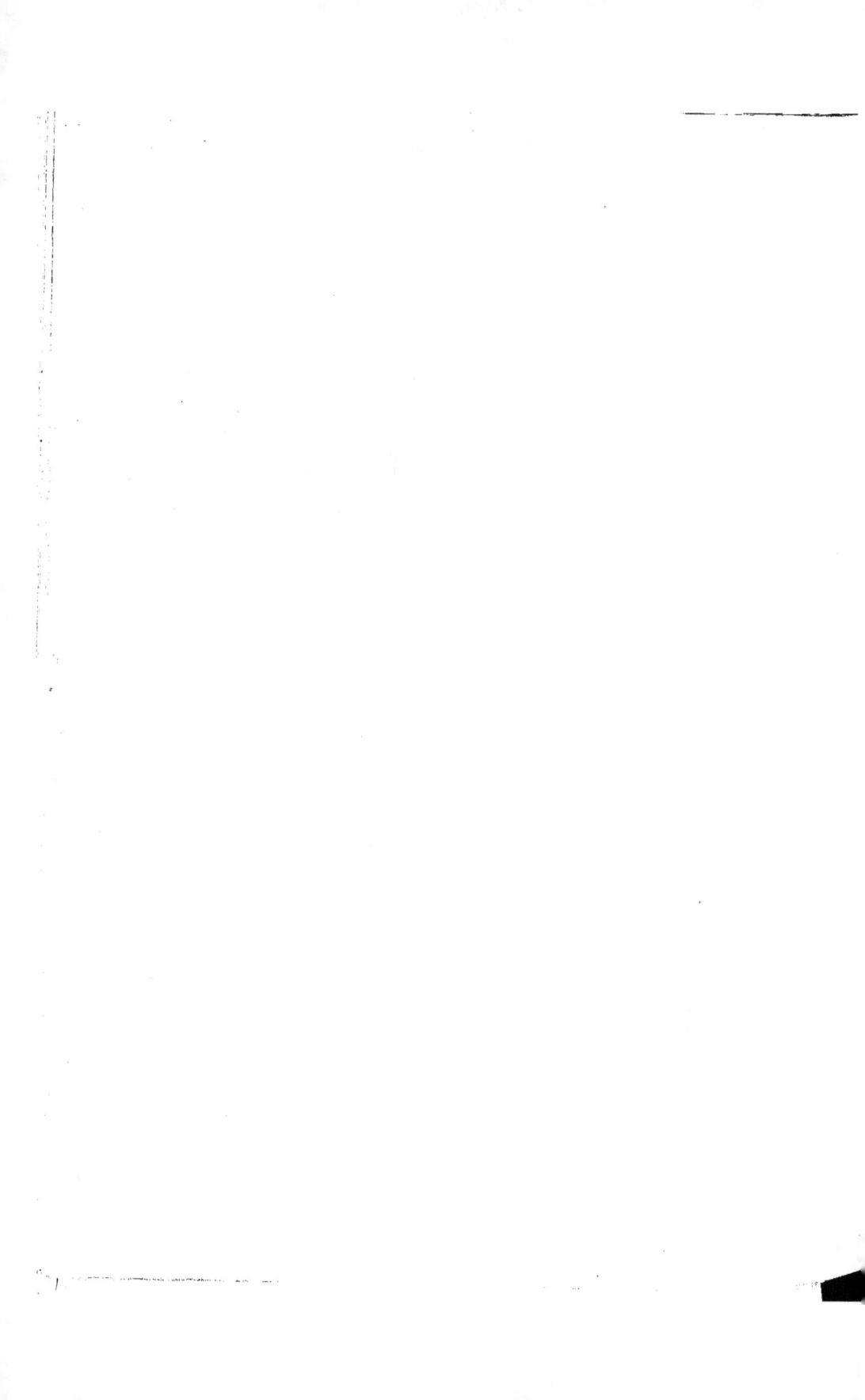

PLANCHE V

PLANCHE V.

EXPLICATION DES FIGURES.

Fig. 1. — **Cladophlebis Raciborskii** n. sp. — Fragments de frondes.
Hongaÿ (collections de paléobotanique du Muséum d'histoire naturelle
de Paris).

Fig. 1 a, 1 b, 1 c. — Portions du même échantillon, grossies deux fois.

Pl. V.

Phototypie Sohier — Champigny-s/Marne (Seine)

PLANCHE VI-VII

PLANCHE VI-VII.

EXPLICATION DES FIGURES.

Fig. 1. — **Ctenopteris Sarrani** n. sp. — Portion de fronde.
Kébao, à 20 mètres au toit de la couche principale de la galerie G; système inférieur.

Fig. 1a. — Portion du même échantillon, grossie une fois et demie.

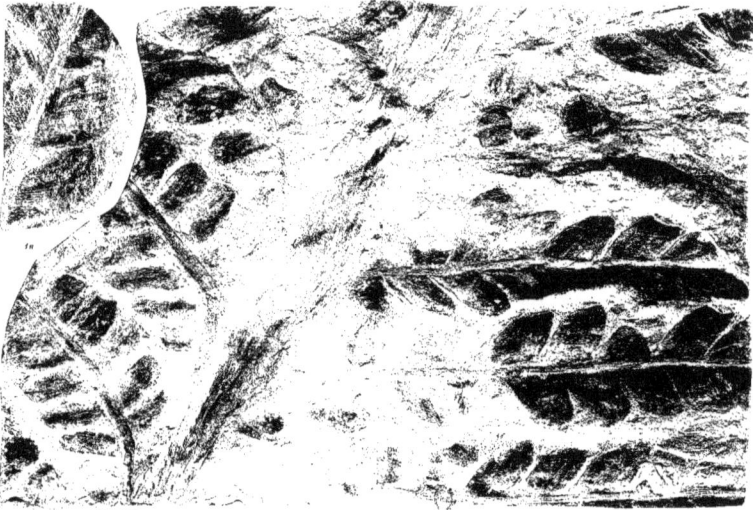

Cliché Sohier   Phototypie Sohier - Champigny s/Marne (Seine)

PLANCHE VIII

PLANCHE VIII.

EXPLICATION DES FIGURES.

FIG. 1, 2. — **Ctenopteris Sarrani** n. sp. — Fragments de frondes.
Kébao, à 20 mètres au toit de la couche principale de la galerie G;
système inférieur.

Pl. VIII.

Clichés Sohier.

Phototypie Sohier — Champigny-s/Marne (Seine)

PLANCHE IX

PLANCHE IX.

EXPLICATION DES FIGURES.

Fig. 1. — **Danæopsis** cf. **Hughesi** Feistmantel. — Fragment de penne.
Hongaÿ, île du Sommet Buisson, galerie Jean.

Fig. 1a. — Portion du même échantillon, grossie deux fois.

Fig. 2. — **Tæniopteris ensis** Oldham. — Fragment de fronde (figuré *Annales des mines*,
8e série, t. II, pl. XII, fig. 2).
Île de Hongaÿ.

Fig. 2a. — Portion du même échantillon, grossie deux fois.

Fig. 3. — **Tæniopteris** cf. **Mac Clellandi** Oldham et Morris (sp.). — Fragment de fronde.
Mines de Hongaÿ, découvert de Hatou.

Fig. 3a. — Portion du même échantillon, grossie deux fois.

Fig. 4. — **Tæniopteris** cf. **Mac Clellandi** Oldham et Morris (sp.). — Fragment de
fronde (figuré *Annales des mines*, 8e série, t. II, pl. X, fig. 5).
Lang-San.

Fig. 4a, 4b. — Portions du même échantillon, grossies deux fois.

Fig. 5. — **Tæniopteris** cf. **Mac Clellandi** Oldham et Morris (sp.). — Fragment de
fronde.
Lang-San.

Fig. 6. — **Tæniopteris (Marattia) Münsteri** Goeppert. — Fragment de penne en partie
fertile (figuré *Bull. Soc. Géol. de France*, 3e série, t. XIV, pl. XXIV,
fig. 6).
Bassin de Hongaÿ.

Fig. 6a. — Portion du même échantillon, grossie deux fois.

Fig. 7. — **Tæniopteris (Marattia) Münsteri** Goeppert. — Fragment de penne fertile
(figuré *Bull. Soc. Géol. de France*, t. XIV, pl. XXIV, fig. 7).
Bassin de Hongaÿ.

Fig. 8. — **Tæniopteris (Marattia) Münsteri** Goeppert. — Partie supérieure d'une penne
fertile (figurée *Bull. Soc. Géol. de France*, t. XIV, pl. XXIV, fig. 5).
Bassin de Hongaÿ.

Fig. 8a. — Portion du même échantillon, grossie deux fois.

Fig. 8b. — Portion du même échantillon, grossie quatre fois.

Pl. IX

Clichés Sohier.

Phototypie Sohier — Champigny-s/Marne (Seine)

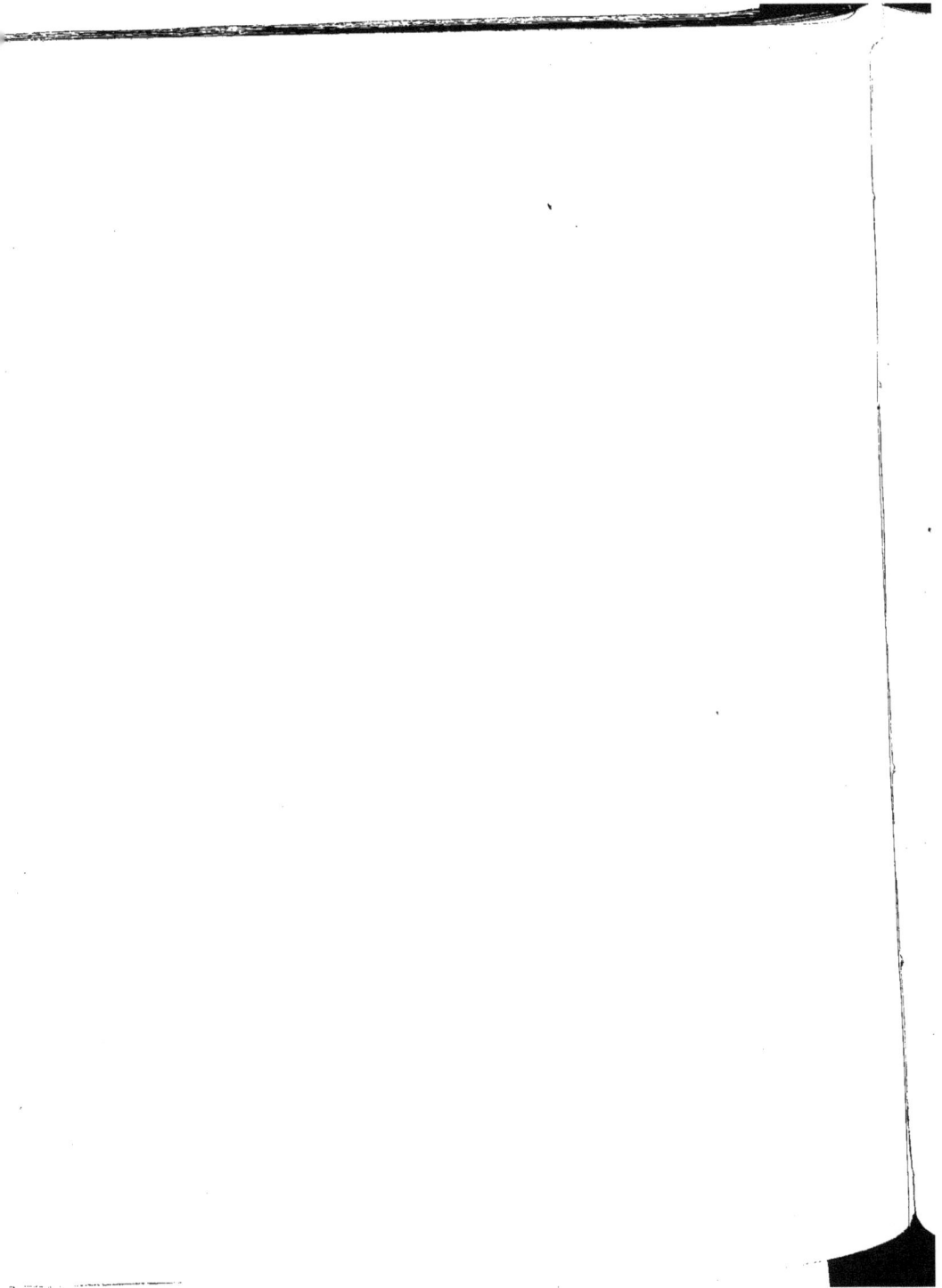

PLANCHE X

PLANCHE X.

EXPLICATION DES FIGURES.

Fig. 1. — **Tæniopteris Jourdyi** Zeiller. — Sommet d'une fronde.
Hongaÿ, île du Sommet Buisson, galerie Jean.

Fig. 1a. — Portion du même échantillon, grossie deux fois.

Fig. 2. — **Tæniopteris Jourdyi** Zeiller. — Partie inférieure d'une fronde, brusquement
contractée à la base.
Hongaÿ, île du Sommet Buisson, galerie Jean.

Fig. 3. — **Tæniopteris Jourdyi** Zeiller. — Sommet d'une fronde.
Hongaÿ, mine de Carrère, au toit de la couche Marmottan.

Fig. 3a. — Portion du même échantillon, grossie deux fois.

Fig. 4. — **Tæniopteris Jourdyi** Zeiller. — Fragment de fronde (figuré *Bull. Soc. Géol.
de France*, 3e série, t. XIV, pl. XXV, fig. 2).
Bassin de Hongaÿ.

Fig. 4a. — Portion du même échantillon, grossie deux fois.

Fig. 5. — **Tæniopteris Jourdyi** Zeiller. — Fragment de fronde.
Hongaÿ, vallée orientale de l'Œuf, galerie Léonice.

Fig. 5a. — Portion du même échantillon, grossie deux fois.

Fig. 6. — **Tæniopteris Jourdyi** Zeiller. — Fragment de fronde.
Bassin de Hongaÿ.

Fig. 6a. — Portion du même échantillon, grossie deux fois.

Pl. X

Phototypie Sohier — Champigny-s/Marne (Seine)

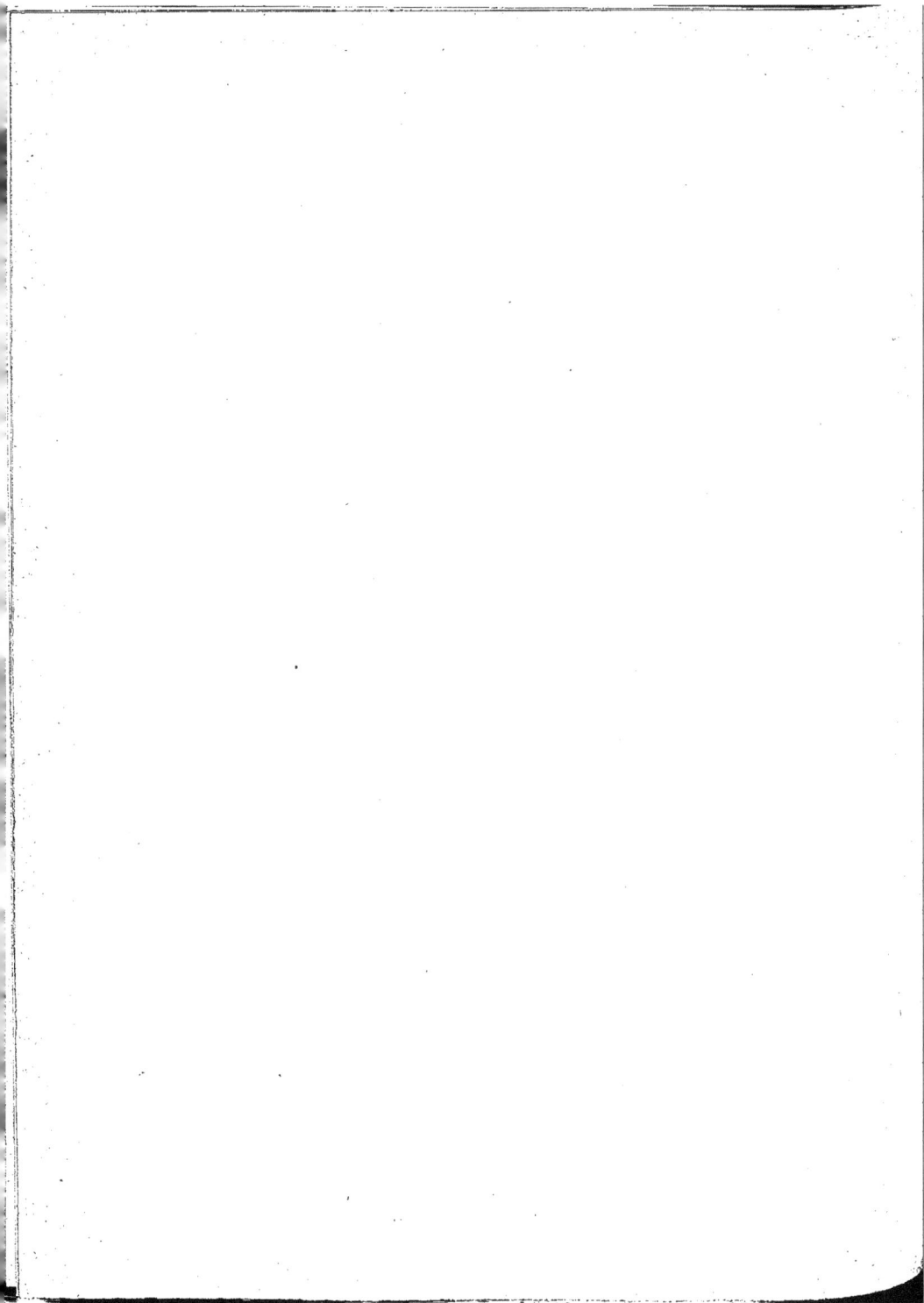

PLANCHE XI

3.

PLANCHE XI.

EXPLICATION DES FIGURES.

Fig. 1. — **Tæniopteris Jourdyi** ZEILLER. — Portion de fronde, à limbe relativement
étroit et décurrent le long du pétiole.
Kébao, système supérieur, couche n° 2, galerie M.

Fig. 2. — **Tæniopteris Jourdyi** ZEILLER. — Partie inférieure d'une fronde, contractée
à la base.
Kébao, système supérieur, couche n° 2, galerie M.

Fig. 3. — **Tæniopteris Jourdyi** ZEILLER. — Portion de fronde, à limbe très large, décurrent le long du rachis.
Hongay, mine de Carrère, au toit de la couche Marmottan.

Fig. 4. — **Tæniopteris Jourdyi** ZEILLER. — Groupe de frondes partant d'un pied com-
mun, auquel s'attachent également des racines ; ces frondes sont ré-
duites à leurs pétioles, à l'exception de l'une d'entre elles (sous le
chiffre 4) qui montre encore un fragment de la base du limbe.
Kébao, système supérieur, couche n° 2, galerie M.

Pl. XI

Phototypie Sohier — Champigny-s/Marne (Seine)

PLANCHE XII

PLANCHE XII.

EXPLICATION DES FIGURES.

Fig. 1 a. — **Tæniopteris Jourdyi** Zeiller. — Fronde complète, accidentellement contractée à son sommet en une longue pointe aiguë; réduite *à moitié de la grandeur naturelle.*

Kébao, système supérieur, couche n° 2, galerie M.

Fig. 1 et 1'. — Base et sommet de la même fronde; grandeur naturelle.

Fig. 2 à 4. — **Tæniopteris Jourdyi** Zeiller. — Sommets de frondes, montrant les variations de formes d'un échantillon à l'autre.

Kébao, système supérieur, couche n° 2, galerie M.

Fig. 5. — Empreinte d'attribution incertaine, représentant peut-être une fronde fertile de *Tæniopteris,* à fructifications submarginales, imparfaitement développée.

Kébao, système supérieur, couche n° 2, galerie M.

Fig. 6 et 7. — **Tæniopteris Jourdyi** Zeiller. — Bases de frondes à limbe plus ou moins longuement décurrent.

Kébao, système supérieur, couche n° 2, galerie M.

Fig. 8. — **Tæniopteris Jourdyi** Zeiller. — Portions de frondes à limbe accidentellement incisé et divisé en segments plus ou moins réguliers.

Mines de Hongaÿ, découvert de Hatou.

Pl. XII

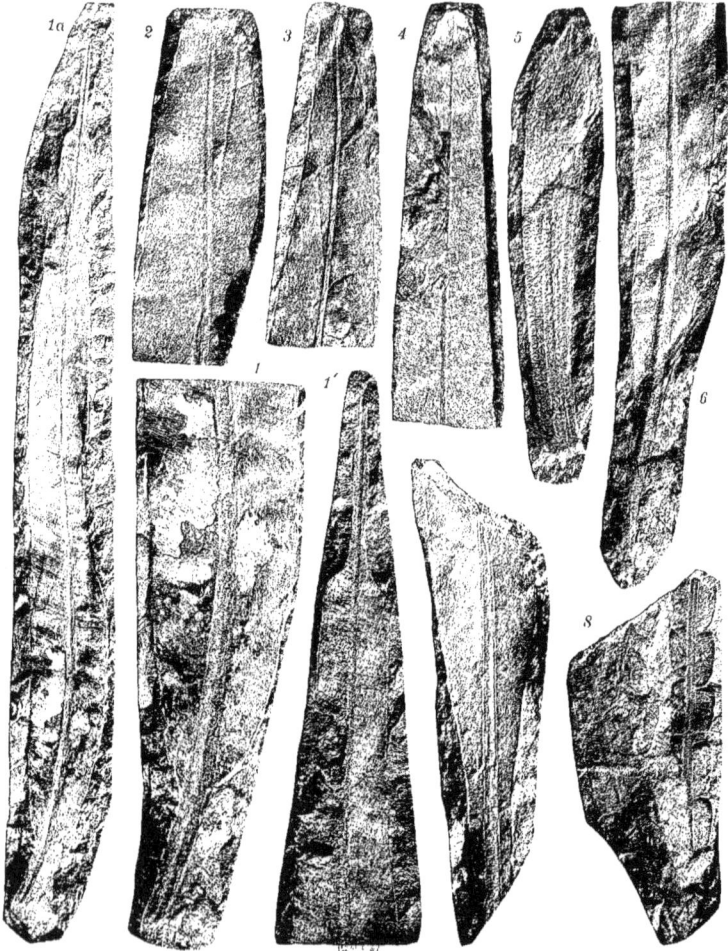

Phototypie Sohier — Champigny-s/Marne (Seine)

PLANCHE XIII

PLANCHE XIII.

EXPLICATION DES FIGURES.

Fig. 1. — **Tæniopteris Jourdyi** Zeiller. — Fronde très étroite.
  Mines de Hongaÿ : Hatou, au toit de la grande couche.

Fig. 2 à 4. — **Tæniopteris Jourdyi** Zeiller. — Fragments de frondes à limbe plus ou moins étroit.
  Mines de Hongaÿ : Hatou, grande couche.

Fig. 3 a, 3 b et 4 a. — Portions des échantillons fig. 3 et 4, grossies deux fois.

Fig. 5. — **Tæniopteris Jourdyi** Zeiller. — Fragment de fronde à limbe très étroit.
  Mines de Hongaÿ : Gia-ham, près Hatou.

Fig. 5 a. — Portion du même échantillon, grossie deux fois.

Fig. 6 et 7. — **Tæniopteris spatulata** Mac Clelland. — Frondes incomplètes.
  Hongaÿ, rivière des Mines, rive droite, première vallée.

Fig. 8 et 9. — **Tæniopteris spatulata** Mac Clelland. — Parties inférieures de frondes.
  Mines de Hongaÿ : Nagotna.

Fig. 8 a. — Portion de l'échantillon fig. 8, grossie trois fois.

Fig. 10. — **Tæniopteris spatulata** Mac Clelland. — Fronde presque complète.
  Hongaÿ, mine de Carrère, au toit de la couche Bavier.

Fig. 11 a. — **Tæniopteris spatulata** Mac Clelland. — Portion de fronde, grossie trois fois.
  Mines de Hongaÿ : Nagotna.

Fig. 12. — **Tæniopteris spatulata** Mac Clelland. — Fragments de frondes.
  Hongaÿ, rivière des Mines, rive droite, première vallée.

Pl. XIII

Phototypie Sohier — Champigny-s/Marne (Seine)

PLANCHE XIV

PLANCHE XIV.

EXPLICATION DES FIGURES.

FIG. 1 à 3. — **Tæniopteris virgulata** n. sp. — Portions de frondes.
Kébao, couche G.

1

2

3

Clichés Sohier

Phototypie Sohier — Champigny s/Marne (Seine)

PLANCHE XV

PLANCHE XV.

EXPLICATION DES FIGURES.

Fig. 1. — **Tæniopteris nilssonioides** n. sp. — Portions de frondes.
Mines de Hongaÿ, découvert de Hatou.

Fig. 2. — **Tæniopteris nilssonioides** n. sp. — Frondes de petite taille, complètes.
Kébao, mine Rémaury, couche Q.

Fig. 2 a. — Portion du même échantillon (fragment de fronde de l'angle supérieur de gauche), grossie deux fois.

Fig. 3. — **Tæniopteris nilssonioides** n. sp. — Fragment de fronde.
Kébao, puits Lanessan.

Fig. 4. — **Tæniopteris nilssonioides** n. sp. — Fragment de fronde.
Kébao, système supérieur, couche n° 2, galerie M.

Fig. 4 a. — Portion du même échantillon, grossie deux fois.

Pl. XV

Phototypie Sohier — Champigny-s/Marne (Seine)

PLANCHE XVI

PLANCHE XVI.

EXPLICATION DES FIGURES.

Fig. 1. — **Palæovittaria Kurzi** Feistmantel. — Fragment de fronde (contre-empreinte de l'échantillon figuré *Annales des Mines*, 8ᵉ série, t. II, pl. XI, fig. 3).
Kébao.

Fig. 1 a. — Portion du même échantillon, grossie deux fois.

Fig. 2. — **Glossopteris indica** Schimper. — Frondes plus ou moins incomplètes.
Kébao, puits Lanessan.

Fig. 2 a. — Portion du même échantillon, grossie deux fois.

Fig. 3 et 4. — **Glossopteris indica** Schimper. — Feuilles écailleuses.
Mines de Hongaÿ : Gia-Ham, près Hatou.

Fig. 3 a. — Portion de l'échantillon fig. 3, grossie deux fois.

Fig. 5. — **Glossopteris indica** Schimper. — Portion de feuille écailleuse.
Mines de Hongaÿ, découvert de Hatou (collections de géologie du Muséum d'histoire naturelle de Paris).

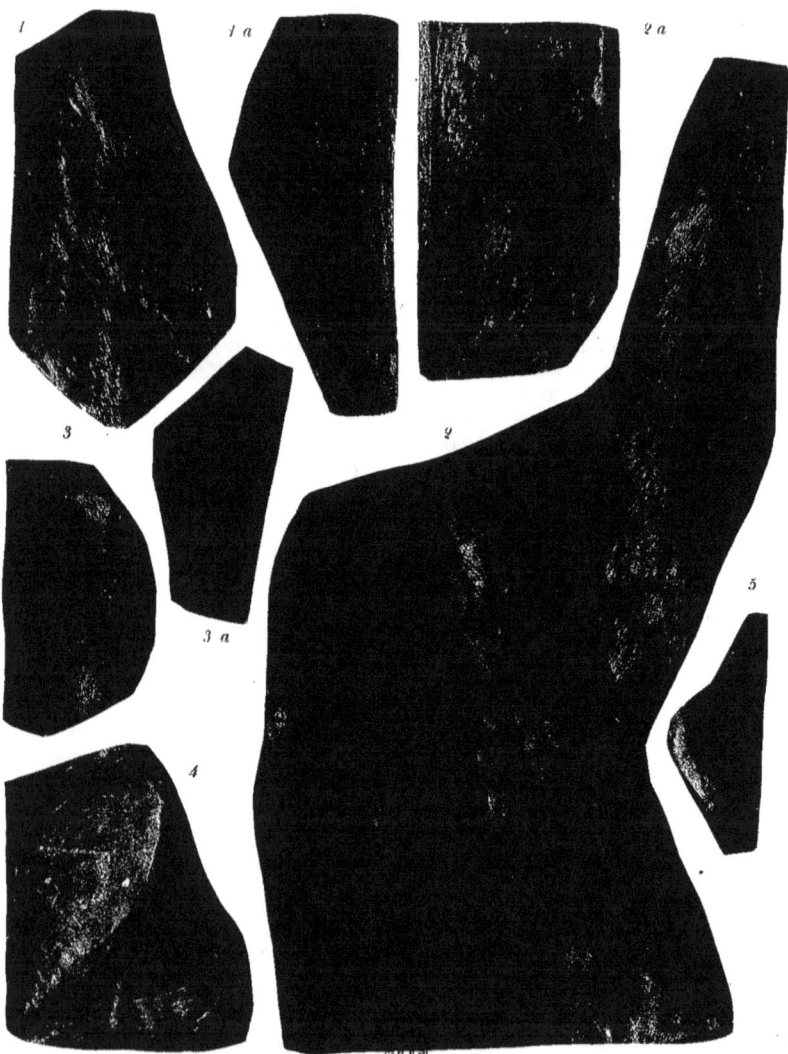

Pl. XVI

Phototypie Sohier — Champigny-s/Marne (Seine)

PLANCHE XVII

PLANCHE XVII.

EXPLICATION DES FIGURES.

Fig. 1. — **Woodwardites microlobus** Schenk. — Fragments de frondes (figurés *Annales des Mines*, 8ᵉ série, t. II, pl. XII, fig. 3).
Hongaÿ, mine Jauréguiberry.

Fig. 2. — **Woodwardites microlobus** Schenk. — Empreinte d'un fragment de penne.
Hongaÿ, mine Jauréguiberry.

Fig. 2 a. — Portion du même échantillon, grossie deux fois.

Fig. 3. — **Woodwardites microlobus** Schenk. — Fragment de fronde.
Mines de Hongaÿ, découvert de Hatou.

Fig. 3 a. — Portion du même échantillon, grossie deux fois.

Fig. 3 b. — Portion du même échantillon, grossie une fois et demie.

Fig. 4. — **Woodwardites microlobus** Schenk. — Empreinte d'un fragment de penne fertile.
Hongaÿ, vallée orientale de l'Œuf, couche près d'une petite île.

Fig. 4 a. — Le même échantillon, grossi deux fois et demie.

Fig. 4 a'. — Portion du même échantillon, grossie vingt fois, montrant les anneaux des sporanges (cliché Monpillard).

Fig. 5. — **Woodwardites microlobus** Schenk. — Fragment de fronde (figuré *Annales des Mines*, 8ᵉ série, t. II, pl. XII, fig. 4).
Hongaÿ, mine Jauréguiberry.

Pl. XVII.

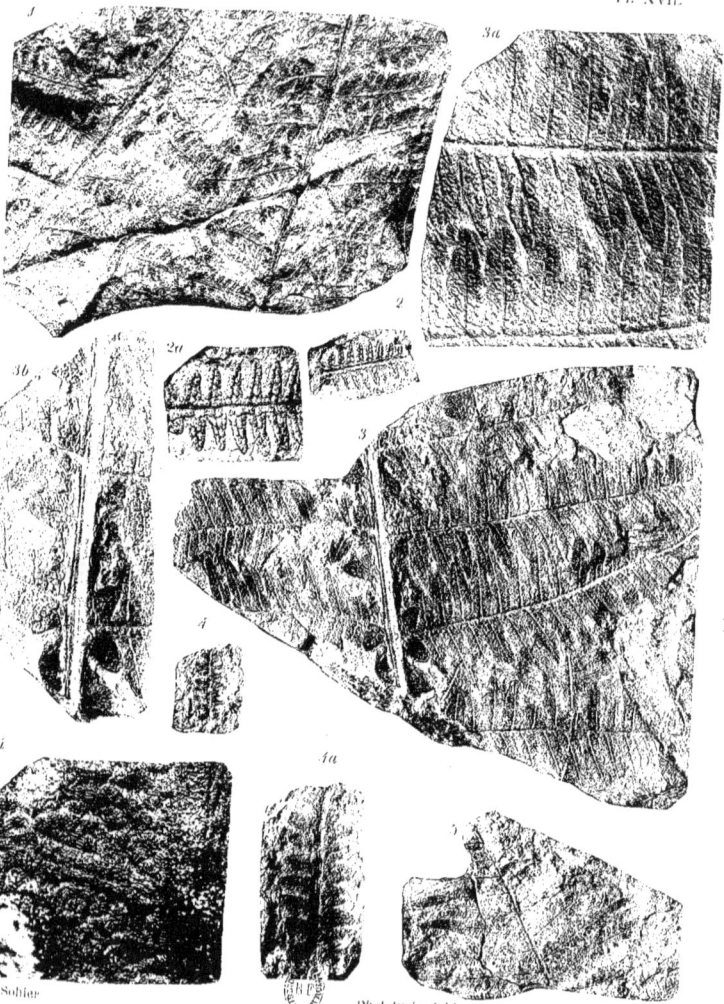

Phototypie Sohier — Champigny s/Marne (Seine)

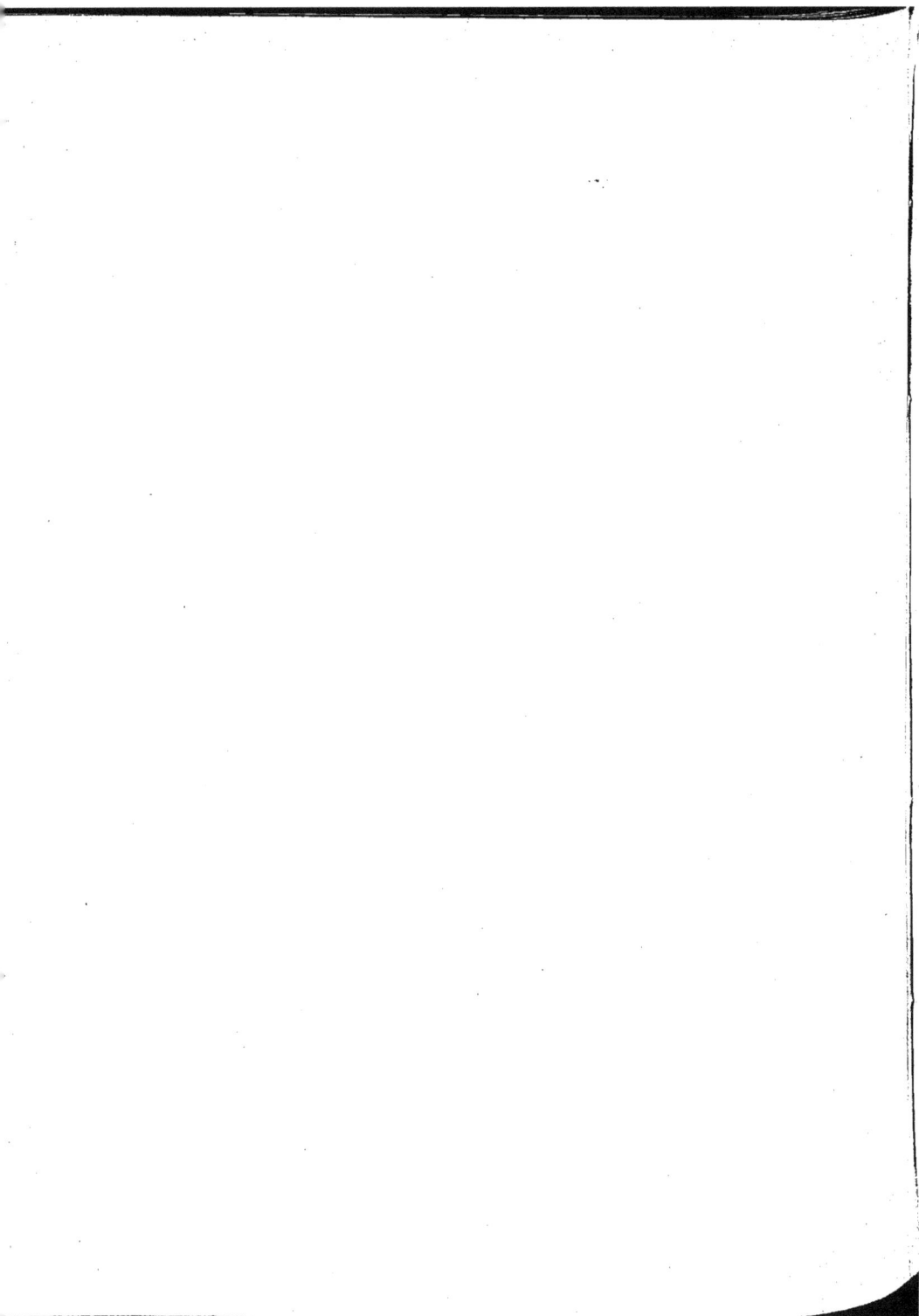

PLANCHE XVIII

PLANCHE XVIII.

EXPLICATION DES FIGURES.

Fig. 1. — **Dictyophyllum Fuchsi** Zeiller. — Portions de frondes. Kébao, mine Rémaury, au mur de la couche U.

Fig. 1 a. — Portion du même échantillon, grossie une fois et demie.

Fig. 2. — **Dictyophyllum Fuchsi** Zeiller. — Fragments de frondes. Hongaÿ, île du Sommet Buisson, galerie Jean.

Fig. 2 a. — Portion du même échantillon, grossie une fois et demie.

Fig. 2 a'. — Portion du même échantillon, grossie trois fois.

Pl. XVIII

Phototypie Sohier — Champigny-s/Marne (Seine)

PLANCHE XIX

PLANCHE XIX.

EXPLICATION DES FIGURES.

Fig. 1. — **Dictyophyllum Remauryi** n. sp. — Partie inférieure d'une penne primaire.
Kébao, mine Rémaury.

Fig. 2. — **Dictyophyllum Remauryi** n. sp. — Portion de penne primaire.
Kébao, puits Lanessan.

Pl. XIX.

Phototypie Sohier — Champigny s/Marne Seine

PLANCHE XX

PLANCHE XX.

EXPLICATION DES FIGURES.

F<small>IG</small>. 1 et 2. — **Dictyophyllum Remauryi** n. sp. — Fragments de frondes.
Mines de Hongaÿ, découvert de Hatou.

F<small>IG</small>. 3. — **Dictyophyllum Remauryi** n. sp. — Portion supérieure d'une penne primaire.
Kébao.

F<small>IG</small>. 3 a. — Portion du même échantillon, grossie trois fois.

F<small>IG</small>. 4. — **Dictyophyllum Remauryi** n. sp. — Portion de penne primaire.
Kébao.

Pl. XX.

1

3a 3

2

4

Clichés Sohier

Phototypie Sohier — Champigny s/Marne (Seine)

PLANCHE XXI

PLANCHE XXI.

EXPLICATION DES FIGURES.

Fig. 1 et 2. — **Dictyophyllum Remauryi** n. sp. — Portions inférieure et supérieure d'un même fragment de penne primaire : la portion de droite, fig. 2, vient se placer à la partie supérieure de la portion de gauche, fig. 1, avec laquelle elle a une partie commune de 1 centimètre environ de longueur. Kébao.

Fig. 1 a, 2 a. — Portions du même échantillon, grossies une fois et demie.

Fig. 1 b. — Portion fertile du même échantillon (penne supérieure de gauche de la fig. 1), grossie deux fois et demie.

Pl. XXI.

PLANCHE XXII

PLANCHE XXII.

EXPLICATION DES FIGURES.

Fig. 1. — **Dictyophyllum Sarrani** n. sp. — Fragment de fronde. Hongaÿ, île du Sommet Buisson, galerie Jean.

Fig. 1 a et 1 b. — Portions du même échantillon, grossies une fois et demie.

Pl. XXII.

Clichés Sohier

Phototypie Sohier — Champigny s/Marne (Seine)

PLANCHE XXIII

6.

PLANCHE XXIII.

EXPLICATION DES FIGURES.

Fig. 1. — **Dictyophyllum Nathorsti** n. sp. — Fronde presque complète; le pétiole, replié en dessous, s'enfonce dans la roche vers la droite.
Mines de Hongaÿ : Hatou, grande couche.

Pl. XXIII

1

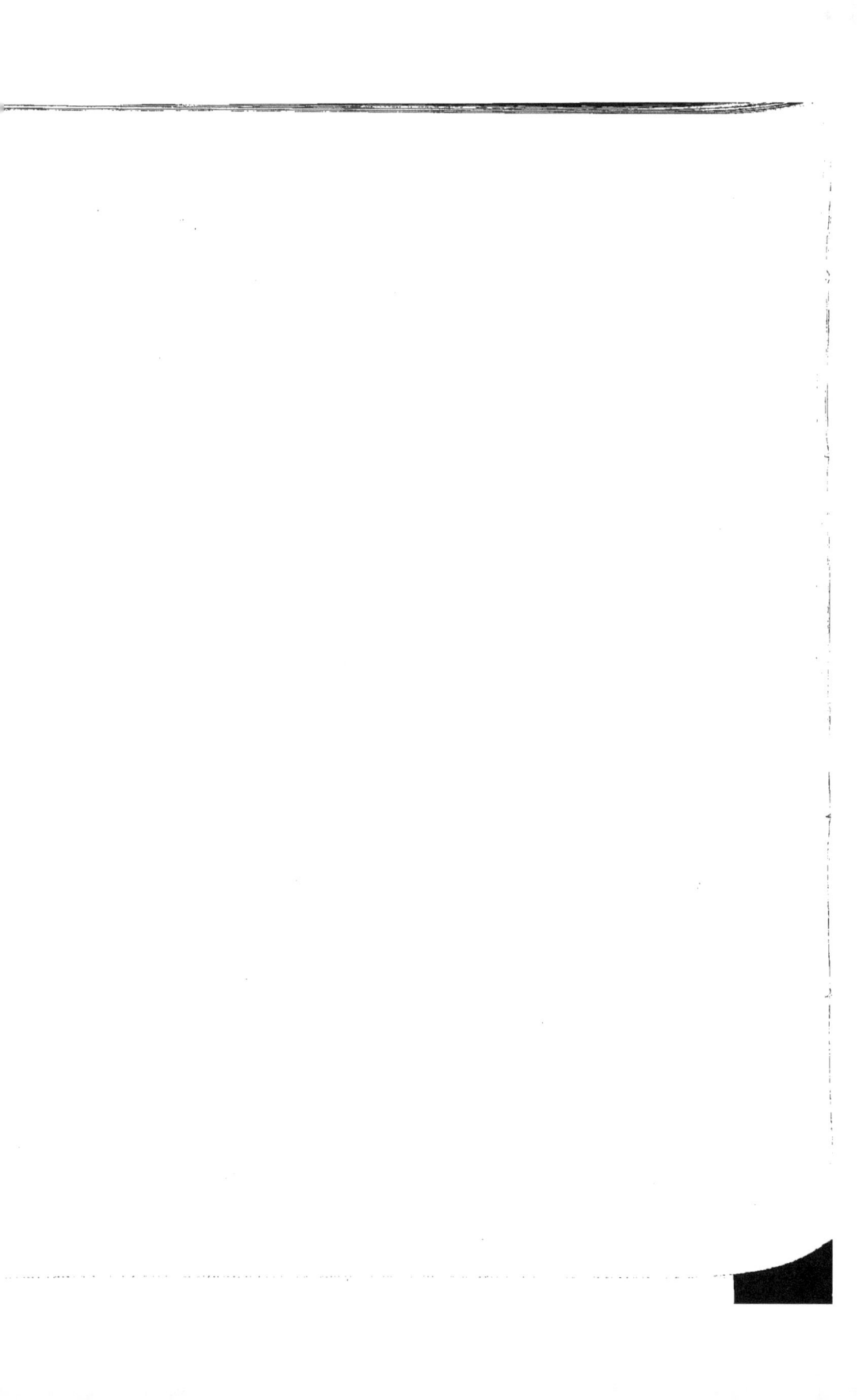

PLANCHE XXIV

PLANCHE XXIV.

EXPLICATION DES FIGURES.

FIG. 1. — **Dictyophyllum Nathorsti** n. sp. — Réduction, *aux trois huitièmes de la grandeur naturelle,* d'une grande plaque montrant vers le haut les fragments de deux frondes, et vers le bas une fronde à peu près complète dont une petite partie du limbe reste masquée par le morceau de roche sur lequel se trouve le pétiole.

Mines de Hongaÿ : Hatou, grande couche, grand banc de schistes.

Pl. XXIV

Phototypie Sohier — Champigny-s/Marne (Seine)

PLANCHE XXV

PLANCHE XXV.

EXPLICATION DES FIGURES.

Fig. 1. — **Dictyophyllum Nathorsti** n. sp.— Partie inférieure d'une penne primaire.
Mines de Hongay : Hatou, grande couche, grand banc de schistes.

Fig. 2. — **Dictyophyllum Nathorsti** n. sp. — Fragment de penne primaire.
Mines de Trang-Back (ancienne concession Schædelin).

Fig. 3. — **Dictyophyllum Nathorsti** n. sp. — Fragment de penne primaire.
Mines de Hongay : Hatou, grande couche, grand banc de schistes.

Fig. 4. — **Dictyophyllum Nathorsti** n. sp. — Partie supérieure d'une penne primaire.
Bassin de Hongay.

Fig. 5. — **Dictyophyllum Nathorsti** n. sp. — Fragments de pennes primaires.
Kébao.

Fig. 5a. — Portion du même échantillon, grossie une fois et demie.

Fig. 6. — **Dictyophyllum Nathorsti** n. sp.— Fragment de penne primaire.
Mines de Hongay, découvert de Hatou.

Fig. 6a. — Portion du même échantillon, grossie deux fois.

Pl. XXV

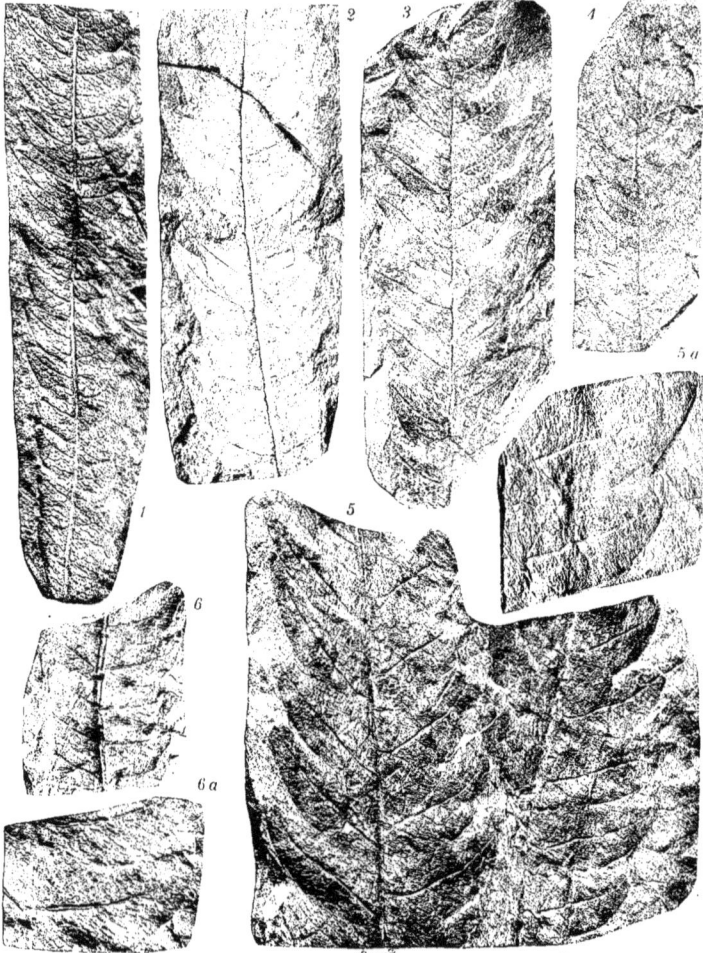

Clichés Sohier.

Phototypie Sohier — Champigny-s/Marne (Seine)

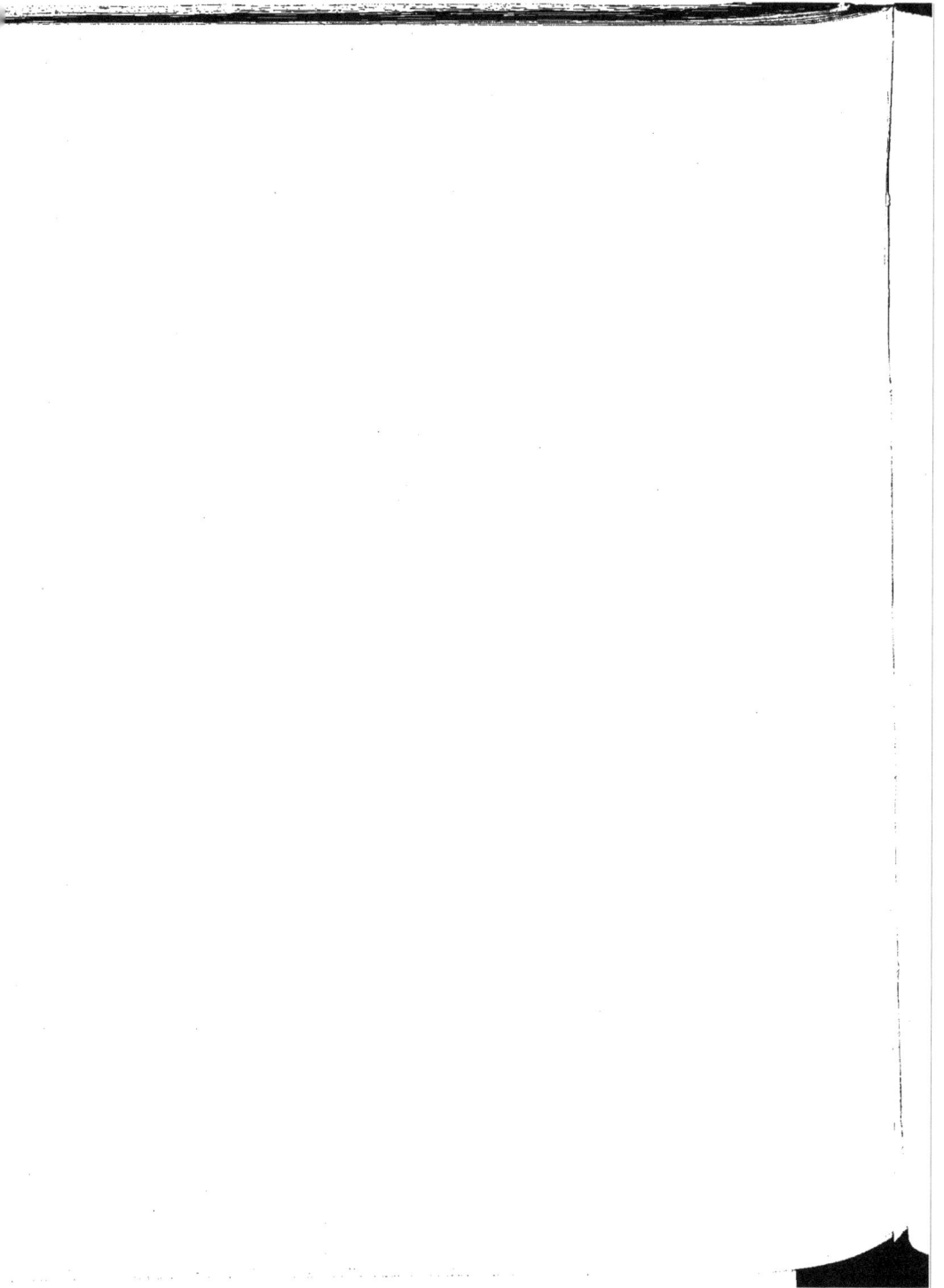

PLANCHE XXVI

PLANCHE XXVI.

EXPLICATION DES FIGURES.

Fig. 1. — **Dictyophyllum Nathorsti** n. sp. — Frondes provenant d'un jeune pied.
Mines de Hongaÿ : Hatou, au toit de la grande couche.

Fig. 1 a. — Portion du même échantillon, grossie deux fois.

Fig. 2. — **Dictyophyllum Nathorsti** n. sp. — Portion de fronde.
Mines de Hongaÿ : Hatou, grande couche, grand banc de schistes.

Fig. 2 a. — Portion du même échantillon, grossie deux fois.

Fig. 3. — **Dictyophyllum Nathorsti** n. sp. — Portion de fronde fertile.
Kébao, puits Lanessan.

Fig. 3 a et 3 b. — Portions du même échantillon, grossies une fois et demie.

Fig. 3 c. — Portion du même échantillon, grossie vingt fois, montrant les anneaux des sporanges.

Pl. XXVI

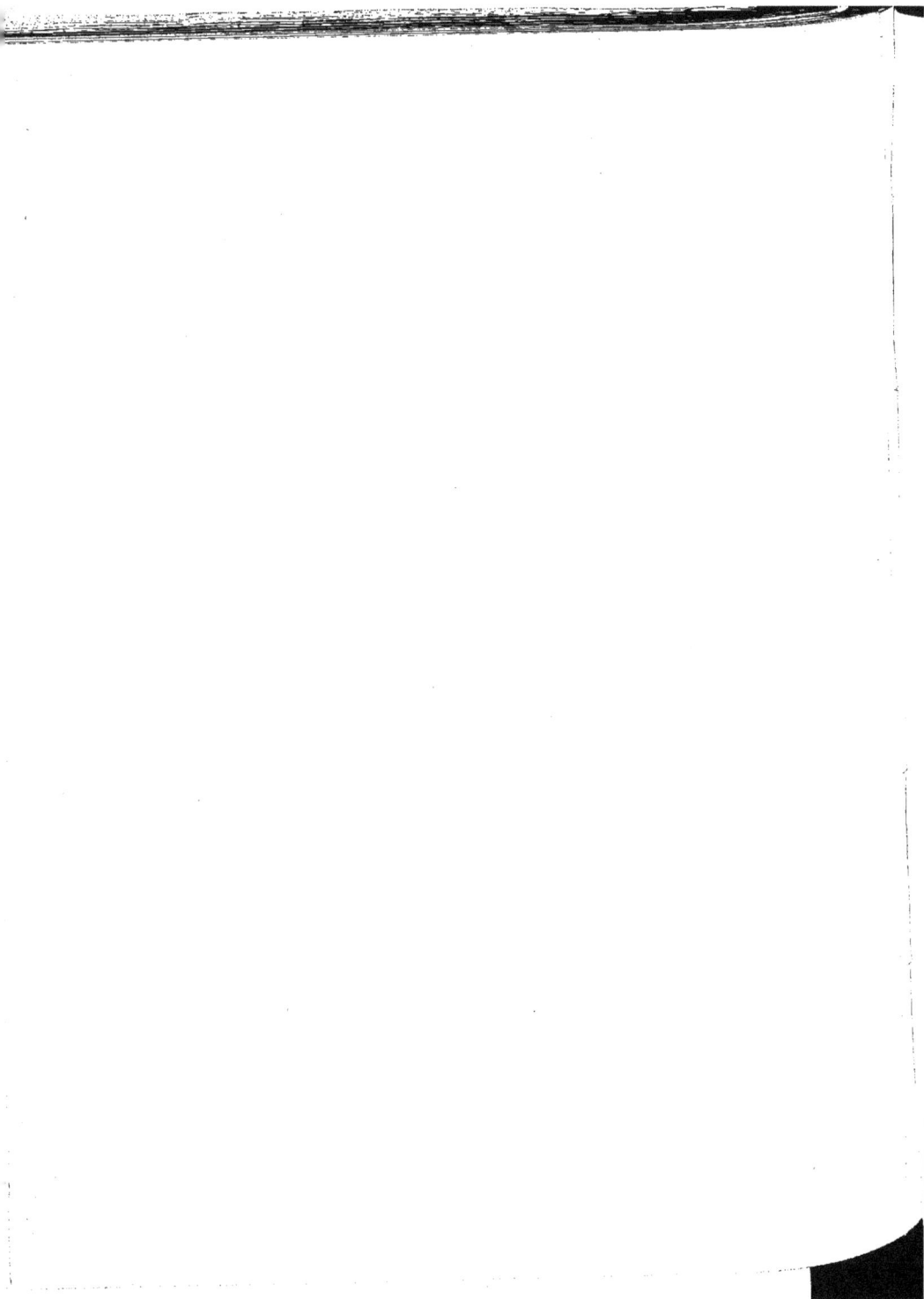

PLANCHE XXVII

PLANCHE XXVII.

EXPLICATION DES FIGURES.

Fig. 1. — **Dictyophyllum Nathorsti** n. sp. — Portion de fronde dont le pétiole se replie en dessous.
Kébao, puits Lanessan.

Fig. 1 bis. — Pétiole de la même fronde, vu sur la tranche inférieure de l'échantillon.

Fig. 2. — **Clathropteris platyphylla** Goeppert (sp.). — Fragment de penne primaire.
Bassin de Hongaÿ.

Fig. 3. — **Clathropteris platyphylla** Goeppert (sp.). — Bord latéral inférieur d'une fronde, montrant la naissance des pennes primaires (figuré *Revue générale de Botanique*, t. IX, pl. 21, fig. 6).
Kébao, puits Lanessan.

Pl. XXVII.

Clichés Sohier

Phototypie Sohier — Champigny s/Marne (Seine)

PLANCHE XXVIII

PLANCHE XXVIII.

EXPLICATION DES FIGURES.

FIG. 1. — **Clathropteris platyphylla** GœPPERT (sp.). — Fragment d'une penne primaire. Mines de Hongaÿ : Gia-Ham, près Hatou.

FIG. 2. — **Clathropteris platyphylla** GœPPERT (sp.). — Fragments de pennes primaires. Kébao, mine Rémaury, au mur de la couche S.

FIG. 3a, 3b, 3c. — **Dictyophyllum Nathorsti** n. sp. — Fronde repliée sur elle-même, vue sur ses deux faces latérales (fig. 3a et 3c), et vue de dos (fig. 3b). Kébao, mine Rémaury, couche V.

Pl. XXVIII.

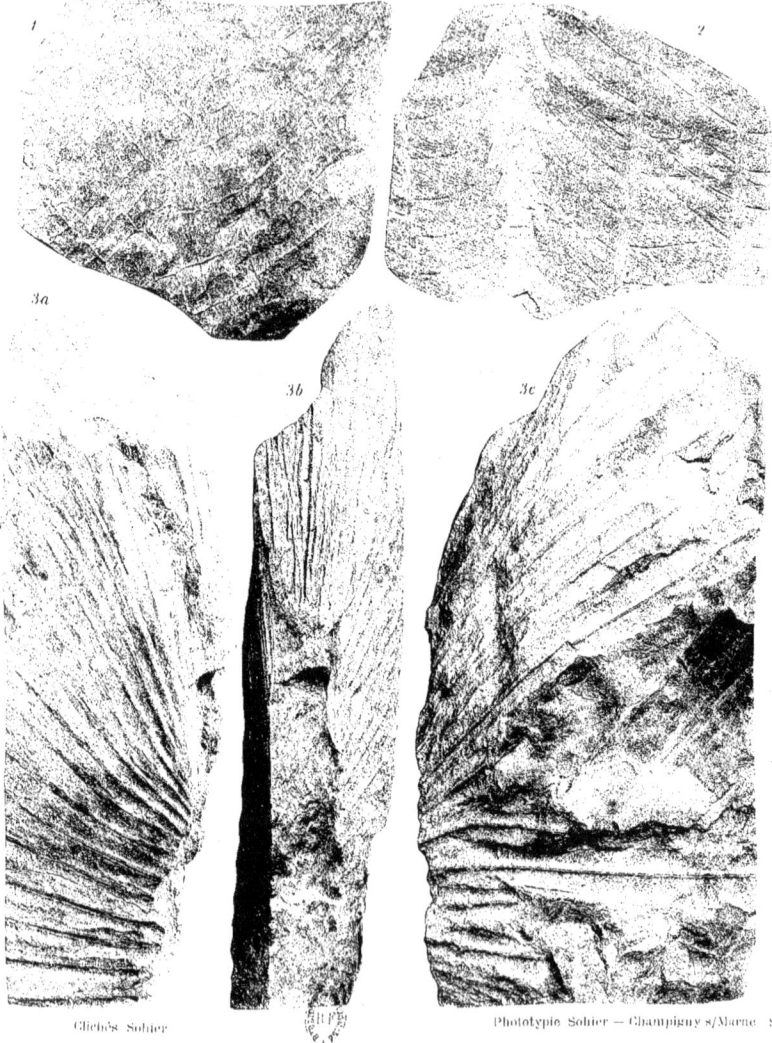

Phototypie Sohier — Champigny s/Marne (Seine)

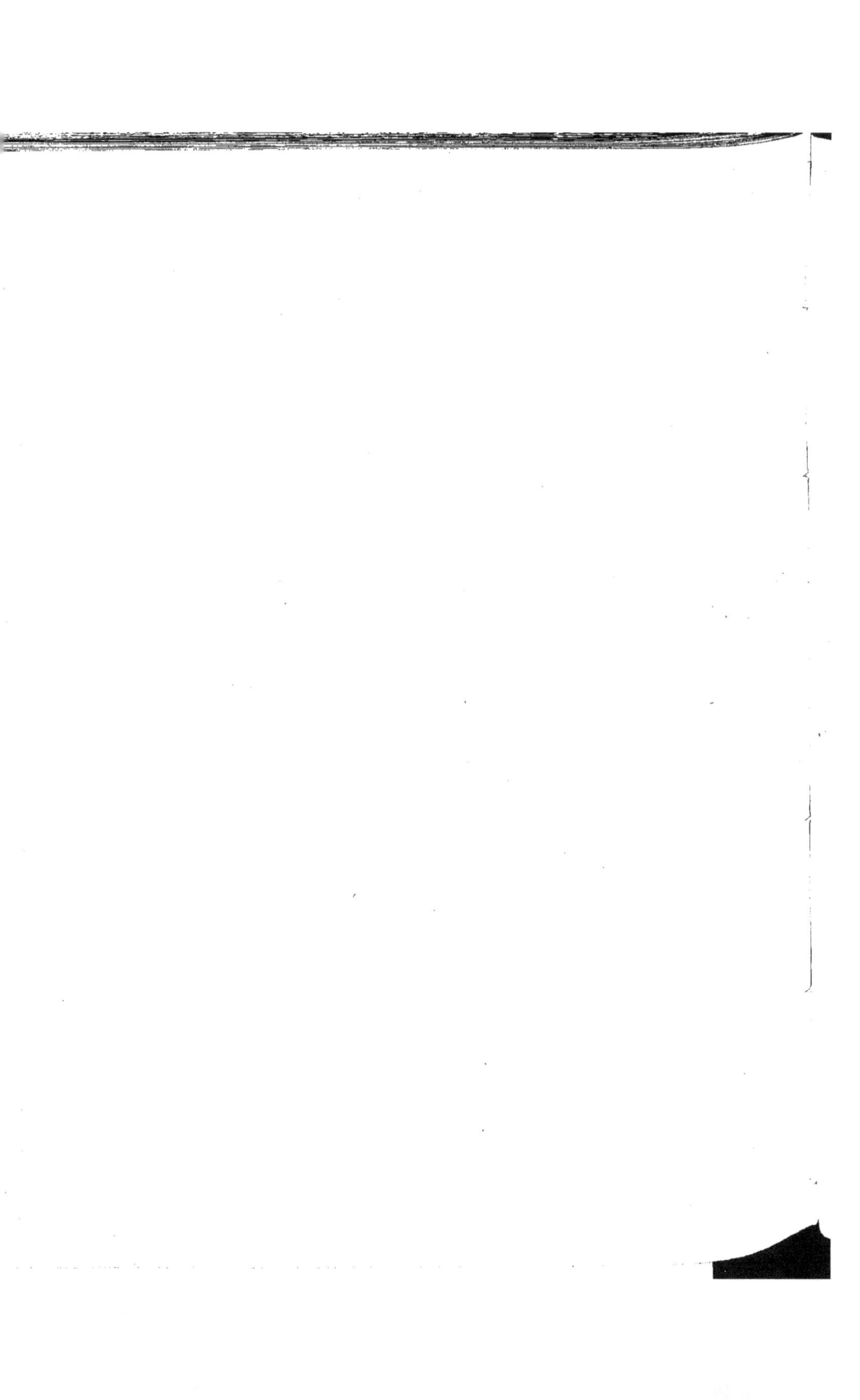

PLANCHE XXIX

PLANCHE XXIX.

EXPLICATION DES FIGURES.

Fig. 1. — **Clathropteris platyphylla** Goeppert (sp.). — Fragment de penne primaire.
Kébao.

Fig. 2. — **Clathropteris platyphylla** Goeppert (sp.). — Portion de fronde.
Kébao, système inférieur, au toit de la couche n° 1, sous le gros banc de
conglomérat.

Fig. 3 et 4. — **Clathropteris platyphylla** Goeppert (sp.). — Fragments de pennes
primaires présentant des anomalies de nervation.
Mines de Hongaÿ, découvert de Hatou.

Phototypie Sohier — Champigny s/Marne (Seine)

PLANCHE XXX

PLANCHE XXX

PLANCHE XXX.

EXPLICATION DES FIGURES.

F<small>IG</small>. 1. — **Clathropteris platyphylla** G<small>OEPPERT</small> (sp.). — Partie supérieure d'une penne primaire.
Mines de Hongaÿ : Hatou, grande couche.

F<small>IG</small>. 2. — **Clathropteris platyphylla** G<small>OEPPERT</small> (sp.). — Fragment de penne primaire.
Mines de Hongaÿ : Hatou, grande couche.

F<small>IG</small>. 3. — **Clathropteris platyphylla** G<small>OEPPERT</small> (sp.). — Fragment de penne primaire.
Kébao.

F<small>IG</small>. 4 à 8. — **Clathropteris platyphylla** G<small>OEPPERT</small> (sp.). — Fragments de pennes primaires.
Mines de Hongaÿ : Nagotna, au toit de la couche Bavier.

Pl. XXX

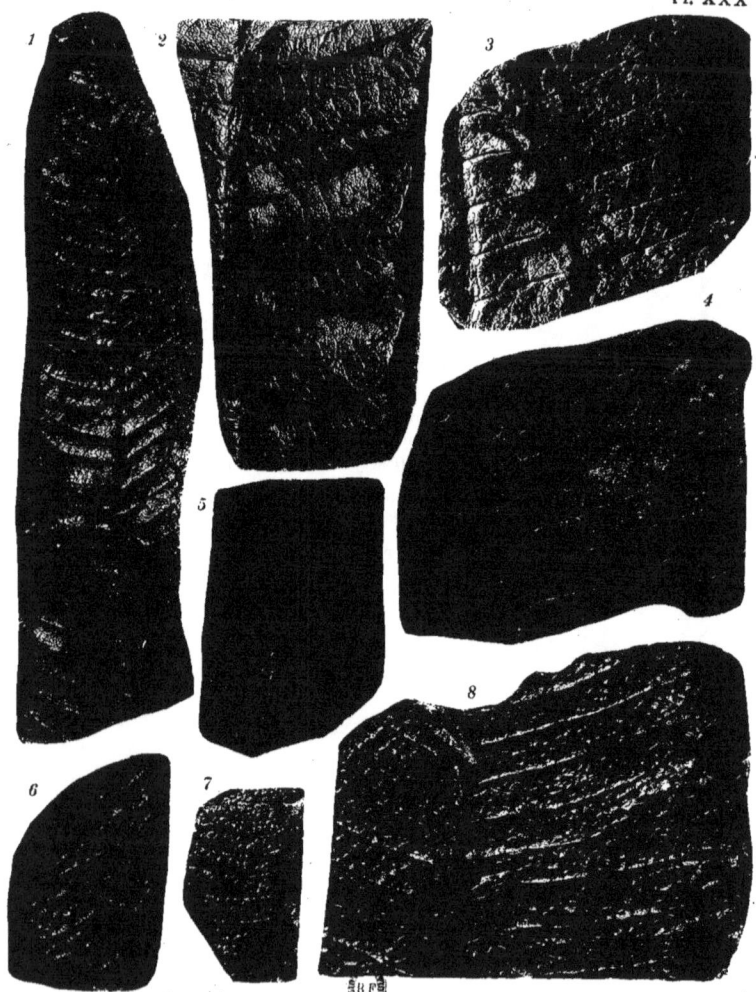

Phototypie Sohier — Champigny-s/Marne (Seine)

PLANCHE XXXI

8.

PLANCHE XXXI.

EXPLICATION DES FIGURES.

Fɪɢ. 1. — **Clathropteris platyphylla** Gœppert (sp.). — Fronde presque complète, en partie repliée sur elle-même; on remarque au bas de la figure l'origine des pennes primaires de la région médiane, vues par leur face supérieure, qui étaient engagées dans la roche et qui ont été mises à nu sur 8 à 9 centimètres de longueur; à droite et à gauche, les pennes latérales repliées sur la région médiane et vues par leur face inférieure. Échantillon réduit *aux deux cinquièmes de grandeur naturelle;* il est représenté en vraie grandeur, du moins partiellement, sur la planche **XXXII-XXXIII.**

Mines de Hongay : Hatou, grande couche, grand banc de schistes.

Pl. XXXI.

PLANCHE XXXII-XXXIII

PLANCHE XXXII-XXXIII.

EXPLICATION DES FIGURES.

Fig. 1. — **Clathropteris platyphylla** Goeppert (sp.). — Portion d'une fronde montrant, vers le bas, du côté gauche, une partie de la région médiane mise à nu par l'enlèvement de la roche, et, sur les côtés, les régions latérales repliées sur la région médiane et vues par leur face inférieure. L'échantillon est représenté plus complètement, à échelle réduite, sur la planche XXXI.

Mines de Hongaÿ : Hatou, grande couche, grand banc de schistes.

Pl. XXXII-XXXIII

(Grdure réelle)

Phototypie Sohier — Champigny s/Marne (Seine)

PLANCHE XXXIV

PLANCHE XXXIV.

EXPLICATION DES FIGURES.

Fig. 1. — **Clathropteris platyphylla** Goeppert (sp.). — Portion de fronde, en partie fertile, vue par la face inférieure. Sur le bord gauche de l'échantillon, on voit quelques pennes de *Dictyophyllum Remauryi*.
Kébao.

Fig. 1a. — Portion de penne stérile du même échantillon, grossie une fois et trois quarts.

Fig. 1b, 1c. — Portions de pennes fertiles du même échantillon, grossies deux fois et demie.

Pl. XXXIV.

Phototypie Sohier — Champigny-s/Marne (Seine)

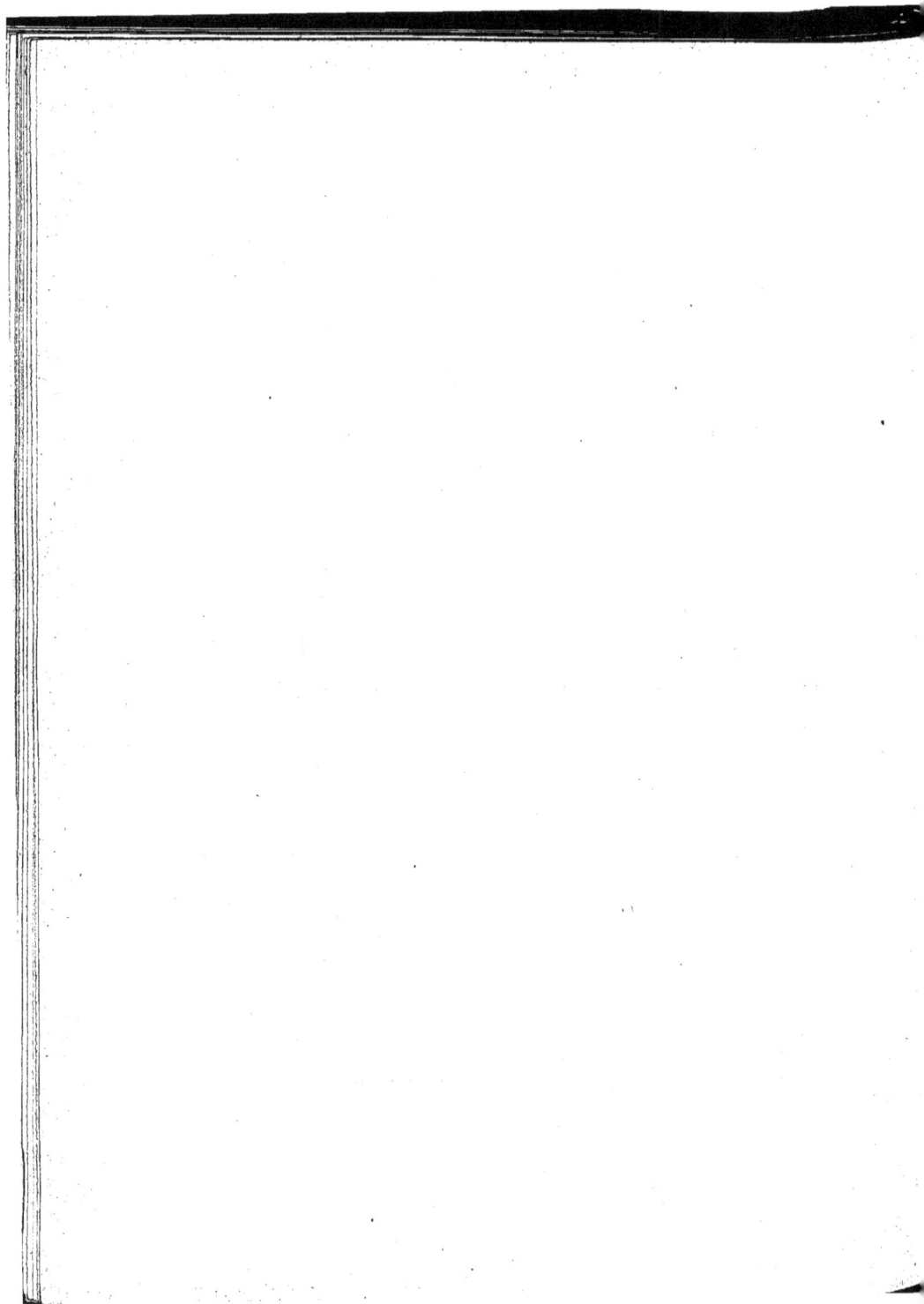

PLANCHE XXXV

PLANCHE XXXV.

EXPLICATION DES FIGURES.

Fig. 1. — **Spiropteris** Schimper. — Fronde de Fougère enroulée en crosse.
Mines de Hongaÿ : Nagotna.

Fig. 2. — **Annulariopsis inopinata** n. gen., n. sp. — Fragment de tige ou de rameau
portant un verticille de feuilles.
Kébao, système supérieur, couche n° 2, galerie M.

Fig. 3. — **Annulariopsis inopinata** n. gen., n. sp. — Fragment de verticille foliaire.
Kébao, système supérieur, couche n° 2, galerie M.

Fig. 4. — **Annulariopsis inopinata** n. gen., n. sp. — Fragments de tiges ou de rameaux
portant chacun un verticille de feuilles.
Kébao, système supérieur, couche n° 2, galerie M.

Fig. 5. — **Annulariopsis inopinata** n. gen., n. sp. — Fragments de verticilles foliaires.
Kébao, système supérieur, couche n° 2, galerie M.

Fig. 6. — **Annulariopsis inopinata** n. gen., n. sp. — Fragment de tige ou de rameau
portant un verticille de feuilles.
Kébao, système supérieur, couche n° 2, galerie M.

Fig. 7. — **Annulariopsis inopinata** n. gen., n. sp. — Fragment de verticille foliaire.
Hongaÿ, vallée orientale de l'Œuf, galerie Léonice.

Fig. 7 a. — Portion du même échantillon, grossie une fois et demie.

Pl. XXXV

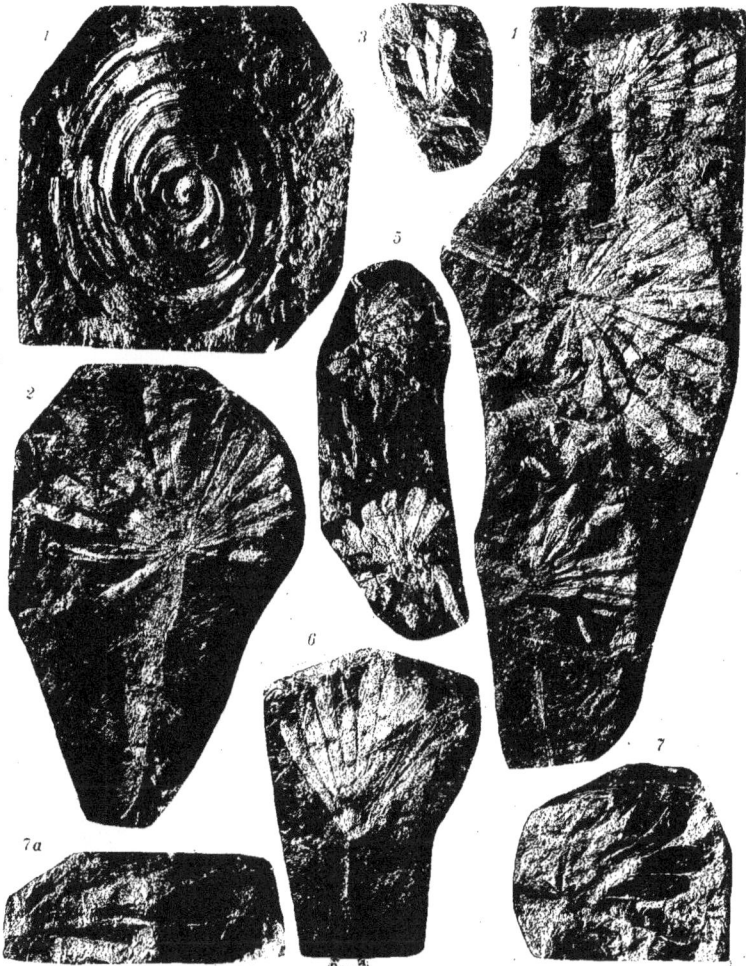

Phototypie Sohier — Champigny-s/Marne (Seine)

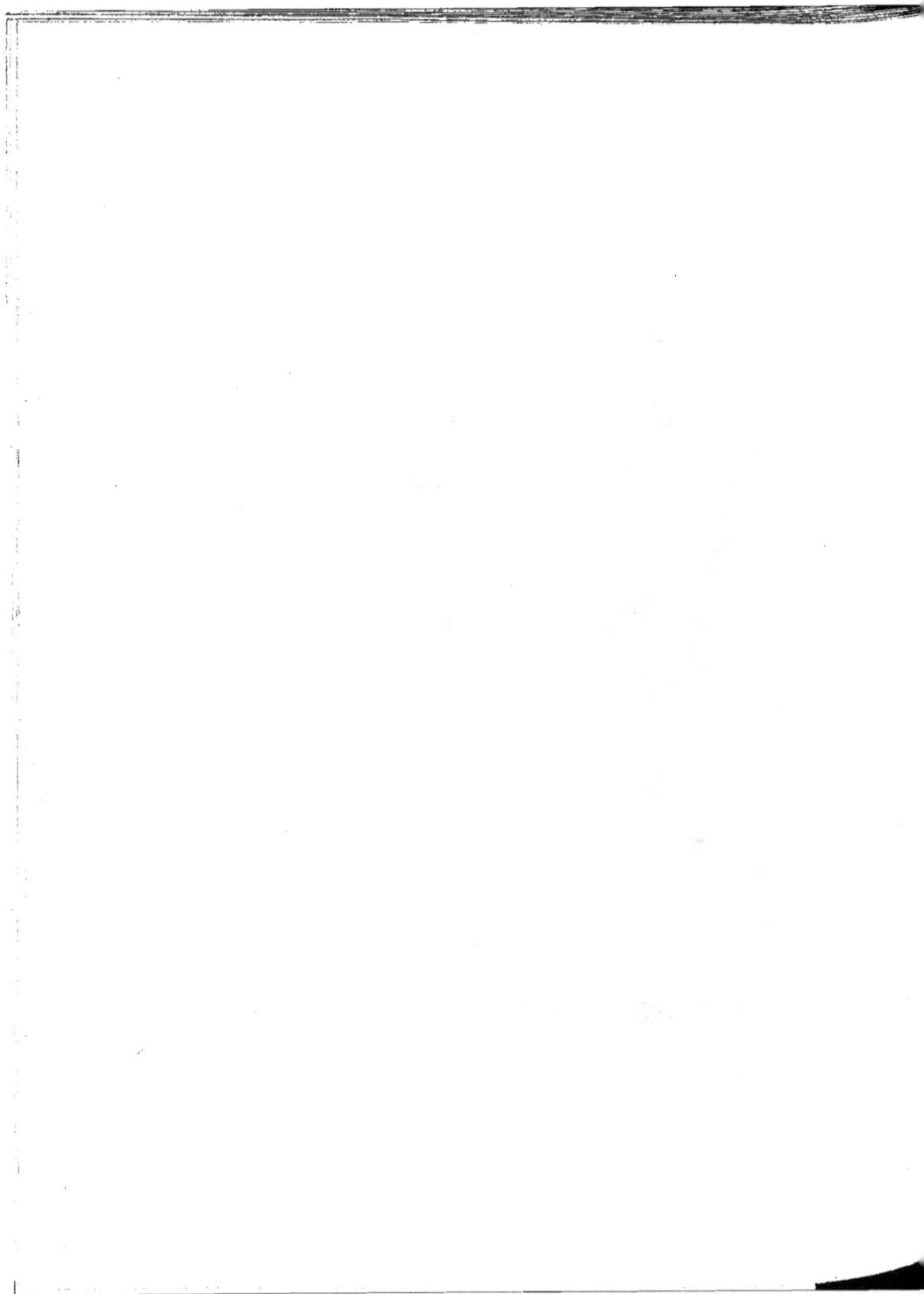

PLANCHE XXXVI

PLANCHE XXXVI.

EXPLICATION DES FIGURES.

FɪG. 1 et 2. — **Schizoneura Carrerei** n. sp. — Fragments de tiges, avec plusieurs verticilles de feuilles.
Kébao, système inférieur, couche n° 1.

Pl. XXXVI.

Clichés Sohier   Phototypie Sohier — Champigny s/Marne (Seine)

PLANCHE XXXVII

PLANCHE XXXVII.

EXPLICATION DES FIGURES.

Fɪɢ. . —- **Schizoneura Carrerei** n. sp. — Fragments de tiges, avec plusieurs verticilles
de feuilles.
Kébao, système inférieur, couche n° 1.

Pl. XXXVII.

Clichés Sohier

Phototypie Sohier — Champigny-s/Marne (Seine)

PLANCHE XXXVIII

PLANCHE XXXVIII.

EXPLICATION DES FIGURES.

FIG. 1. — **Schizoneura Carrerei** n. sp. — Fragment d'une grosse tige, dépouillée de ses feuilles, avec une partie du moule interne.
Mines de Hongaÿ : Hatou, grande couche.

FIG. 2. — **Schizoneura Carrerei** n. sp. — Fragment d'une tige, rompue à l'articulation, et offrant des cicatrices foliaires contiguës qui donnent aux portions de la surface de la tige comprises entre elles l'apparence de dents libres.
Mines de Hongaÿ : Hatou, grande couche.

FIG. 3. — **Schizoneura Carrerei** n. sp. — Empreinte d'un fragment de tige, avec cicatrices foliaires et deux cicatrices raméales.
Mines de Hongaÿ : Hatou, grande couche.

FIG. 4. — **Schizoneura Carrerei** n. sp. — Tige de petit diamètre, ou rameau, avec plusieurs verticilles de feuilles.
Hongaÿ, mine de Carrère, couche Marmottan.

FIG. 5. — **Schizoneura Carrerei** n. sp. — Moule interne d'une tige.
Mines de Hongaÿ : Hatou, grande couche.

FIG. 6. — **Schizoneura Carrerei** n. sp. — Empreinte d'un fragment de tige, montrant quelques restes de feuilles, encore attachées à l'articulation, et la surface interne de l'entrenœud supérieur.
Hongaÿ, mine de Carrère, couche Marmottan.

FIG. 6 a. — Portion du même échantillon, grossie une fois et demie.

FIG. 7. — **Schizoneura Carrerei** n. sp. — Fragment de moule interne d'une tige, et rameau.
Mines de Hongaÿ : Hatou, grande couche.

FIG. 8. — **Schizoneura Carrerei** n. sp. — Articulation vue à plat, montrant la base des feuilles et le diaphragme interne (échantillon figuré *Bull. Soc. Géol. de France*, 3e série, t. XIV, pl. XXIV, fig. 1).
Bassin de Hongaÿ.

Pl. XXXVIII

Phototypie Sohier — Champigny-s/Marne (Seine)

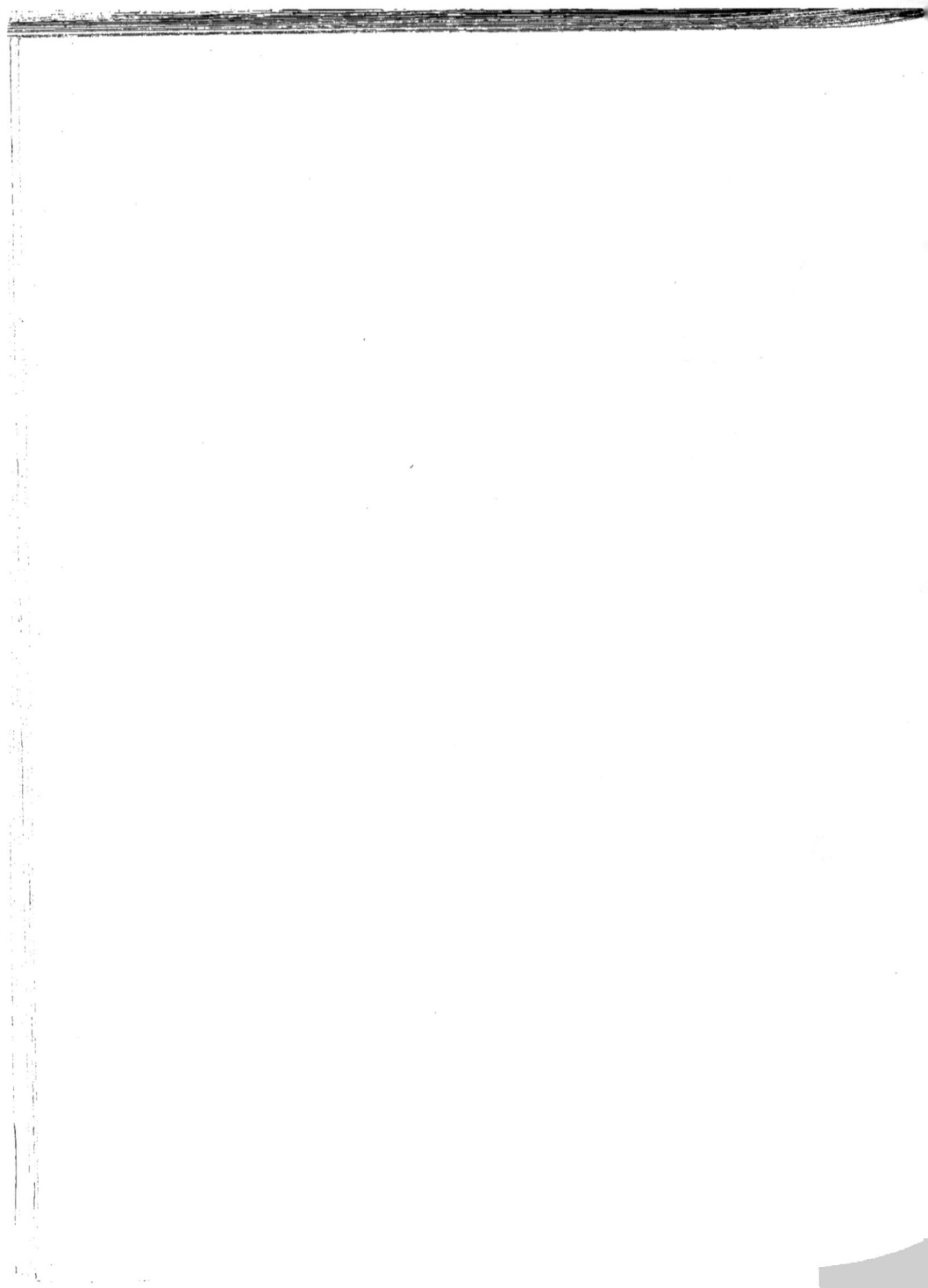

PLANCHE XXXIX

PLANCHE XXXIX.

EXPLICATION DES FIGURES.

Fɪɢ. 1. — **Equisetum Sarrani** n. sp. — Fragment de tige.
  Hongaÿ, vallée orientale de l'OEuf, couche près d'une petite île.

Fɪɢ. 1a. — Portion du même échantillon, grossie deux fois, montrant les ponctuations des côtes.

Fɪɢ. 2. — **Equisetum Sarrani** n. sp. — Fragment de tige avec articulation et base d'une gaine foliaire.
  Mines de Hongaÿ : Hatou, grande couche, grand banc de schistes.

Fɪɢ. 2a. — Portion du même échantillon, grossie trois fois, montrant les ponctuations des côtes.

Fɪɢ. 3. — **Equisetum Sarrani** n. sp. — Fragment de tige avec articulation et base d'une gaine foliaire.
  Mines de Hongaÿ : Hatou, grande couche, grand banc de schistes.

Fɪɢ. 4. — **Equisetum Sarrani** n. sp. — Épi de fructification.
  Mines de Hongaÿ : Hatou, grande couche, grand banc de schistes.

Fɪɢ. 4a. — Base du même épi, grossie deux fois.

Fɪɢ. 4b. — Portion du même épi, grossie quatre fois.

Fɪɢ. 5. — **Equisetum Sarrani** n. sp. — Fragment de tige (ou de rhizôme) avec une racine attachée et deux cicatrices d'insertion de racines ou de rameaux.
  Hongaÿ, vallée orientale de l'OEuf, couche près d'une petite île.

Fɪɢ. 5a. — Portion du même échantillon, grossie deux fois.

Fɪɢ. 6. — **Equisetum Sarrani** n. sp. — Fragment de moule interne.
  Mines de Hongaÿ : Hatou, grande couche, grand banc de schistes.

Fɪɢ. 7. — **Equisetum Sarrani** n. sp. — Fragment de rameau.
  Hongaÿ, vallée orientale de l'OEuf, couche près d'une petite île.

Fɪɢ. 7a. — Portion du même échantillon, grossie une fois et demie, montrant les ponctuations de la surface.

Fɪɢ. 8 et 9. — **Equisetum Sarrani** n. sp. — Empreintes de rameaux.
  Mines de Hongaÿ : Hatou, grande couche, grand banc de schistes.

Fɪɢ. 8a et 9a. — Portions des mêmes échantillons, grossies trois fois et demie.

Fɪɢ. 10 et 11. — **Equisetum Sarrani** n. sp. — Empreintes de rameaux montrant leur extrémité supérieure.
  Mines de Hongaÿ : Hatou, grande couche, grand banc de schistes.

Fɪɢ. 12. — **Equisetum Sarrani** n. sp. — Empreinte de la section transversale d'un rameau rompu à une articulation.
  Mines de Hongaÿ : Hatou, grande couche, grand banc de schistes.

Fɪɢ. 13. — **Equisetum Sarrani** n. sp. — Section transversale d'un rameau rompu à une articulation.
  Mines de Hongaÿ : Hatou, grande couche, grand banc de schistes.

Fɪɢ. 13a. — Le même échantillon, grossi trois fois.

Pl. XXXIX

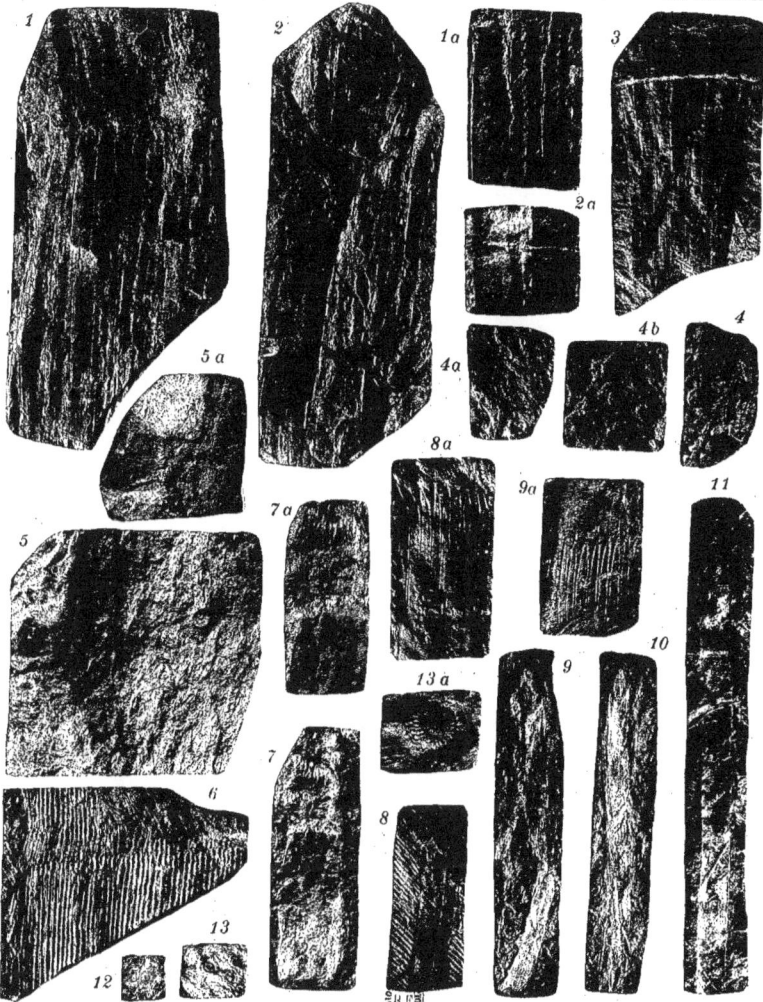

Phototypie Sohier -- Champigny-s/Marne (Seine)

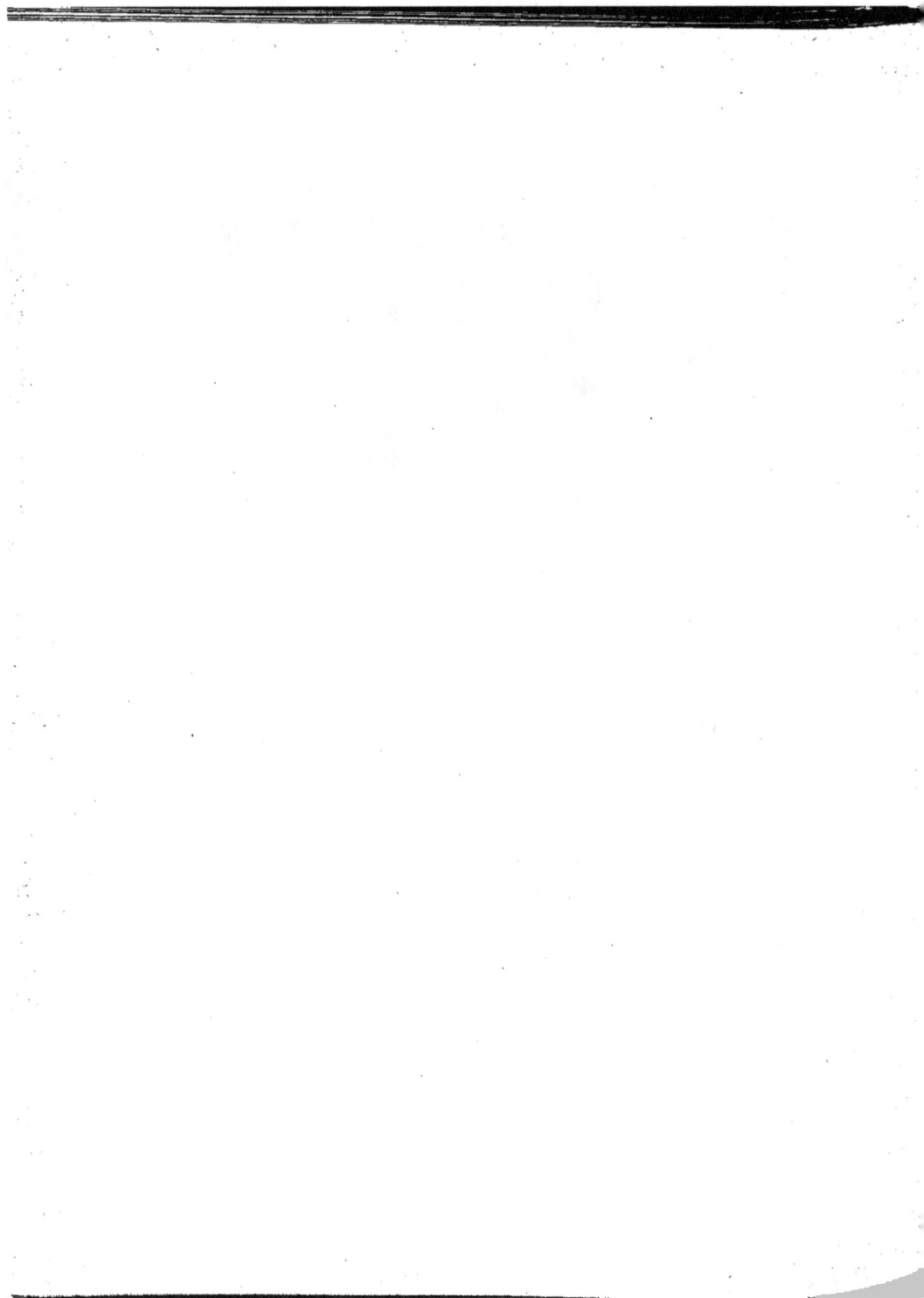

PLANCHE XL

PLANCHE XL.

EXPLICATION DES·FIGURES.

Fig. 1 et 2. — **Nœggerathiopsis Hislopi** Bunbury (sp.). — Feuilles détachées (forme étroite).
Mines de Hongaÿ : Hatou, au mur de la grande couche.

Fig. 3. — **Nœggerathiopsis Hislopi** Bunbury (sp.). — Feuille détachée (forme étroite, rétrécie à la base), (figurée *Annales des Mines,* 8ᵉ série, t. II, pl. XII, fig. 11).
Bassin de Hongaÿ, monticule rive gauche en aval de Claireville.

Fig. 4. — **Nœggerathiopsis Hislopi** Bunbury (sp.). — Partie inférieure d'une feuille (forme rétrécie à la base).
Kébao, puits Lanessan.

Fig. 5. — **Nœggerathiopsis Hislopi** Bunbury (sp.).— Feuille incomplète (forme large).
Kébao.

Fig. 5 a. — Portion du même échantillon, grossie deux fois.

Fig. 6. — **Nœggerathiopis Hislopi** Bunbury (sp.). — Fragment d'une feuille attaquée par un Champignon.
Hongaÿ, vallée orientale de l'Œuf, galerie Léonice.

Fig. 7. — Rameau, appartenant probablement au *Nœggerathiopsis Hislopi.*
Hongaÿ, au toit de la couche Marguerite.

Fig. 7 a. — Portion du même échantillon, grossie une fois et demie, montrant les cicatrices foliaires.

Fig. 8. — Empreinte d'un fragment de rameau, appartenant probablement au *Nœggerathiopsis Hislopi* (échantillon figuré *Annales des Mines,* 8ᵉ série, t. II, pl. XI, fig. 14).
Kébao.

Fig. 8 a.— Portion du même échantillon, grossie une fois et demie.

Fig. 9. — Fragment de rameau, appartenant peut-être au *Nœggerathiopsis Hislopi.*
Kébao.

Fig. 9 a.— Portion du même échantillon, grossie une fois et demie.

Pl. XL

1 2 3 4 5a 5 7a 7 8a 9a 8 9 6

Phototypie Sohier -- Champigny-s/Marne (Seine)

PLANCHE XLI

PLANCHE XLI.

EXPLICATION DES FIGURES.

F<small>IG</small>. 1. — **Cycadites Saladini** Z<small>EILLER</small>. — Fronde incomplète.
Mines de Dongtrieu : village de Cokinh, périmètre Émile, au mur de la couche D.

F<small>IG</small>. 2. — **Cycadites Saladini** Z<small>EILLER</small>. — Fragment de fronde.
Mines de Dongtrieu : village de Cokinh, périmètre Émile, au mur de la couche D.

F<small>IG</small>. 2a. — Portion du même échantillon, grossie une fois et demie.

F<small>IG</small>. 3. — **Cycadites Saladini** Z<small>EILLER</small>. — Partie inférieure d'une fronde.
Mines de Dongtrieu : village de Cokinh, périmètre Émile, au mur de la couche D.

F<small>IG</small>. 4. — **Cycadites Saladini** Z<small>EILLER</small>. — Fragments de frondes.
Mines de Hongay, découvert de Hatou.

F<small>IG</small>. 4a. — Portion du même échantillon, grossie une fois et demie.

Pl. XLI.

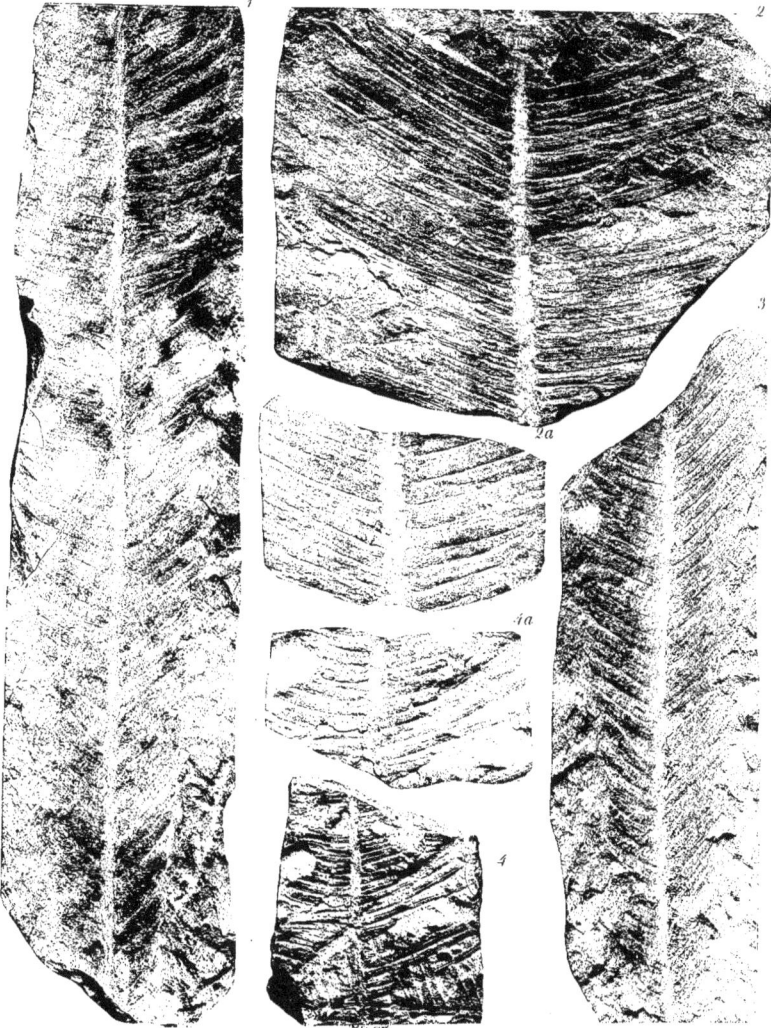

PLANCHE XLII

PLANCHE XLII.

EXPLICATION DES FIGURES.

Fig. 1. — **Podozamites distans** Presl. (sp.). — Fronde incomplète, à folioles en partie détachées ou dérangées de leur position normale.
Mines de Dongtrieu.

Fig. 2. — **Podozamites distans** Presl. (sp.). — Foliole détachée (figurée *Annales des Mines*, 8ᵉ série, t. II, pl. XI, fig. 2).
Île de Hongaÿ.

Fig. 3. — **Podozamites distans** Presl. (sp.). — Folioles détachées.
Mines de Dongtrieu.

Fig. 4. — **Podozamites distans** Presl. (sp.). — Fragment de fronde (figuré *Bull. Soc. Géol. de France*, 3ᵉ sér., t. XIV, pl. XXIV, fig. 8).
Bassin de Hongaÿ.

Fig. 5 et 6. — **Podozamites Schenki** Heer. — Portions de frondes.
Mines de Hongaÿ, découvert de Haton.

Pl. XLII.

Phototypie Sohier — Champigny-s/Marne (Seine)

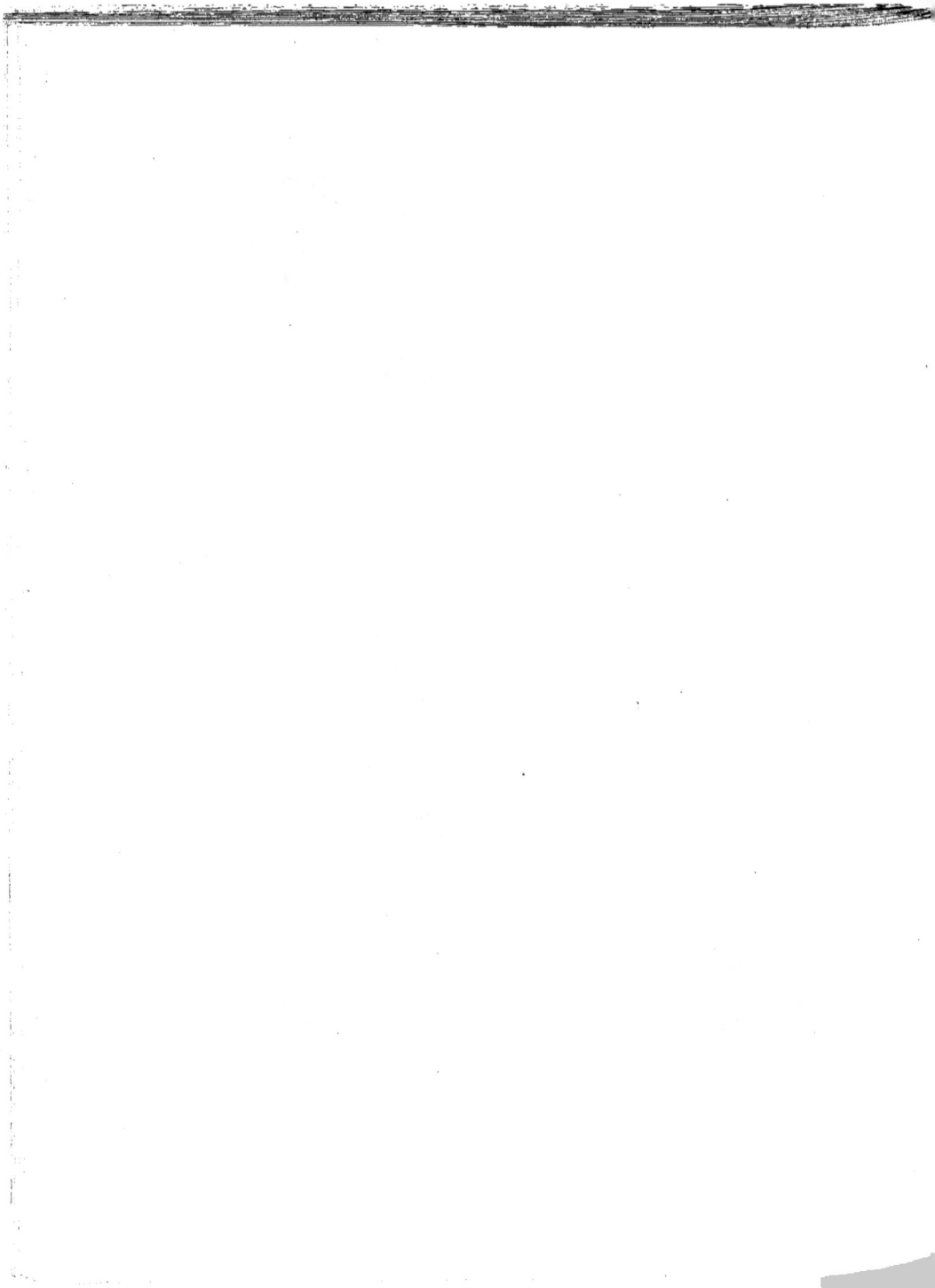

PLANCHE XLIII

PLANCHE XLIII.

EXPLICATION DES FIGURES.

FIG. 1. — **Otozamites indosinensis** n. sp. — Fragment de fronde.
Mines de Hongaÿ.

FIG. 1a. — Portion du même échantillon, grossie deux fois.

FIG. 2. — **Otozamites rarinervis** FEISTMANTEL. — Fronde incomplète (figurée *Annales des Mines*, 8ᵉ série, t. II, pl. XII, fig. 7).
Hongaÿ, mine Jauréguiberry.

FIG. 2a. — Portion du même échantillon, grossie deux fois.

FIG. 3. — **Zamites truncatus** n. sp. — Fragment de fronde.
Hongaÿ, vallée orientale de l'Œuf, galerie Léonice.

FIG. 4. — **Zamites truncatus** n. sp. — Foliole détachée.
Hongaÿ, vallée orientale de l'Œuf, galerie Léonice.

FIG. 4a. — Le même échantillon, grossi une fois et demie.

FIG. 5 et 6. — **Zamites truncatus** n. sp. — Folioles détachées.
Hongaÿ, vallée orientale de l'Œuf, galerie Léonice.

FIG. 6. — **Pterophyllum (Anomozamites) Schenki** ZEILLER. — Portion de fronde
(figurée *Bull. Soc. Géol. de Fr.*, 3ᵉ sér., t. XIV, pl. XXIV, fig. 9).
Bassin de Hongaÿ.

FIG. 7a. — Portion du même échantillon, grossie deux fois.

FIG. 8. — **Pterophyllum (Anomozamites) inconstans** BRAUN (sp.). — Fragment de fronde.
Hongaÿ, vallée orientale de l'Œuf, galerie Léonice.

Pl. XLIII

Phototypie Sohier — Champiguy-s/Marne (Seine)

PLANCHE XLIV.

EXPLICATION DES FIGURES.

Fig. 1. — **Pterophyllum (Anomozamites) inconstans** Braun (sp.). — Fragment de fronde ; à gauche et vers le bas de l'échantillon, une écaille de Cycadinée (*Cycadolepis corrugata* n. sp.).
Hongaÿ, vallée orientale de l'Œuf, galerie Léonice.

Fig. 1a. — Portion du même échantillon, grossie deux fois.

Fig. 2. — **Pterophyllum (Anomozamites) inconstans** Braun (sp.). — Fronde presque complète, à limbe entier dans sa région inférieure.
Hongaÿ, vallée orientale de l'Œuf, galerie Léonice.

Fig. 3. — **Pterophyllum (Anomozamites) inconstans** Braun (sp.). — Fronde incomplète.
Hongaÿ, île du Sommet Buisson, tranchée en avant de la galerie Jean.

Fig. 4. — **Pterophyllum (Anomozamites) inconstans** Braun (sp.). — Portion de fronde.
Hongaÿ, île du Sommet Buisson, tranchée en avant de la galerie Jean.

Fig. 4a. — Portion du même échantillon, grossie une fois et deux tiers.

Fig. 5. — **Pterophyllum (Anomozamites) inconstans** Braun (sp.). — Portion inférieure d'une fronde.
Mines de Hongaÿ, découvert de Hatou.

Pl. XLIV

Phototypie Sohier — Champigny-s/Marne (Seine)

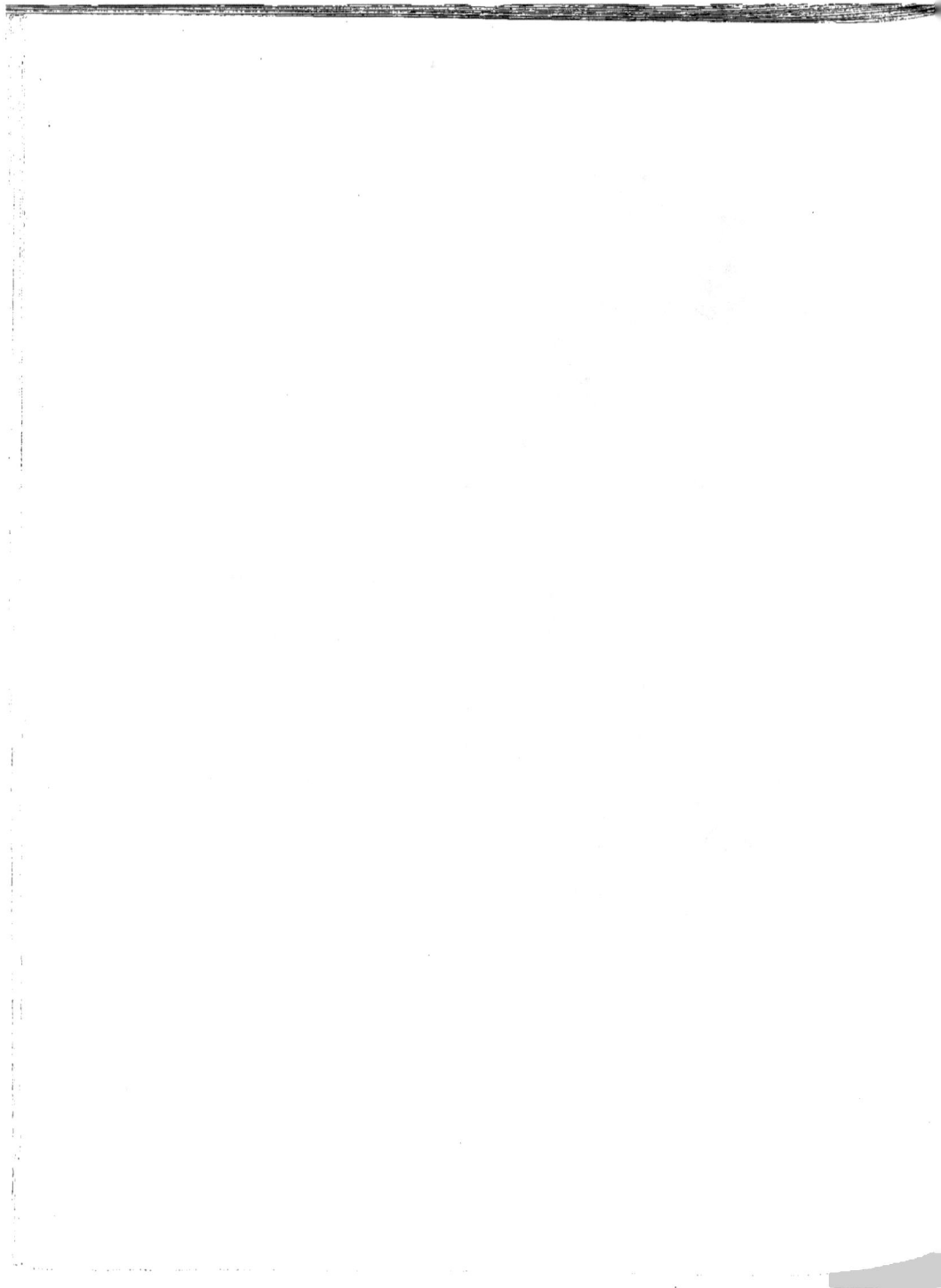

PLANCHE XLV

PLANCHE XLV.

EXPLICATION DES FIGURES.

Fig. 1. — **Pterophyllum Münsteri** Presl (sp.). — Fragment de fronde.
Mines de Hongaÿ : Nagotna, au toit de la couche Bavier.

Fig. 2. — **Pterophyllum Münsteri** Presl (sp.). — Fronde incomplète.
Hongaÿ, mine de Carrère, au toit de la couche Bavier.

Fig. 3. — **Pterophyllum Münsteri** Presl (sp.). — Fronde incomplète.
Bassin de Hongaÿ.

Fig. 3a. — Portion du même échantillon, grossie deux fois.

Fig. 4. — **Pterophyllum Münsteri** Presl (sp.). — Frondes provenant d'un jeune pied.
Mines de Hongaÿ, découvert de Hatou (collections de géologie du Muséum
d'histoire naturelle de Paris).

Fig. 4a. — Portion de fronde du même échantillon, grossie deux fois.

Fig. 5. — **Pterophyllum Münsteri** Presl (sp.). — Portions de frondes.
Mines de Dongtrieu : village de Cokinh, périmètre Émile, au mur de la
couche B.

Fig. 5a. — Portion de fronde du même échantillon, grossie deux fois.

Pl. XLV

Phototypie Sohier — Champigny-s/Marne (Seine)

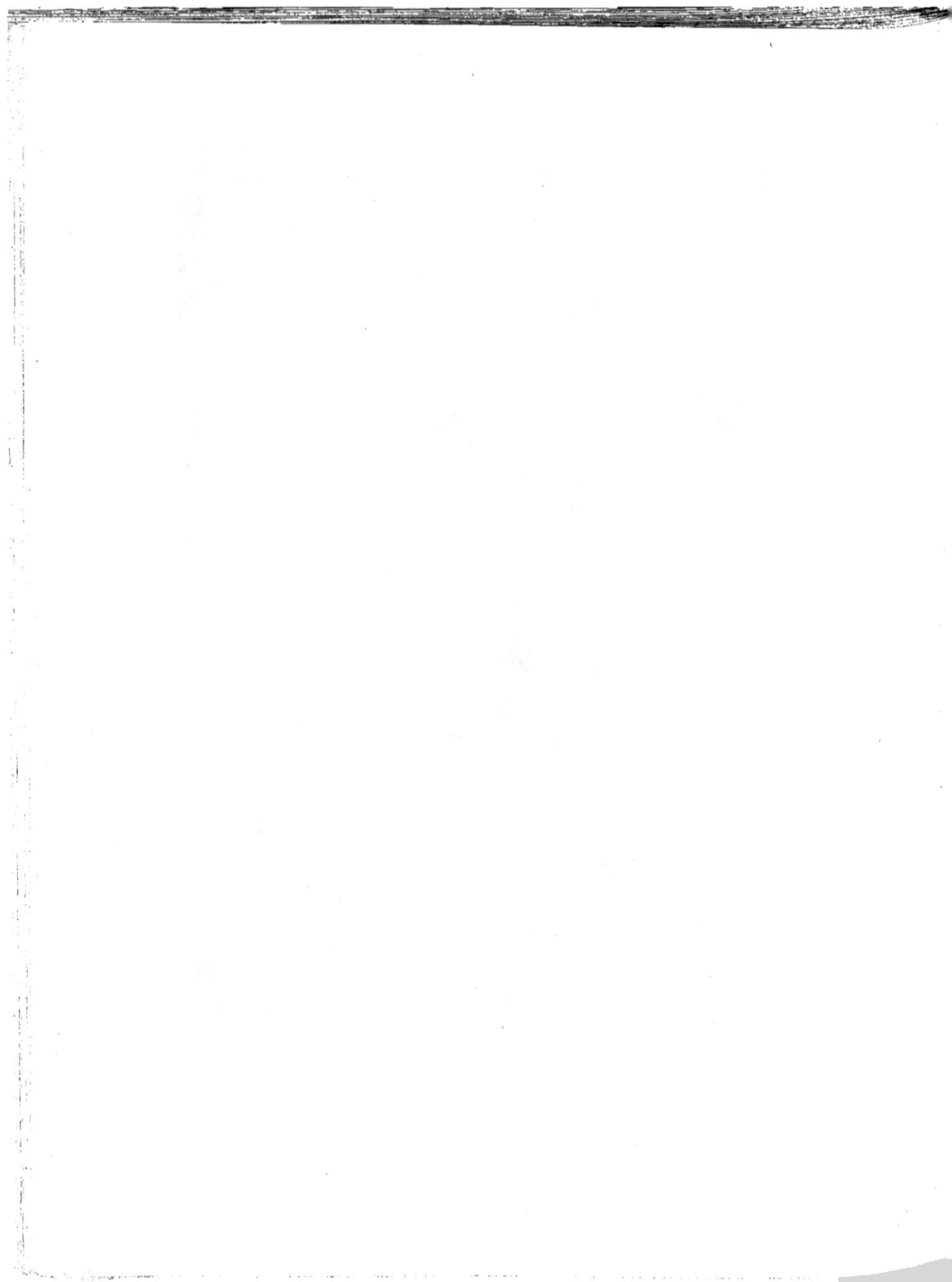

PLANCHE XLVI

PLANCHE XLVI

PLANCHE XLVI.

EXPLICATION DES FIGURES.

Fɪɢ. 1. — **Pterophyllum Portali** n. sp. — Fronde complète.
Kébao, mine Rémaury, au toit de la couche Q.

Fɪɢ. 2. — **Pterophyllum Portali** n. sp. — Fragment de fronde.
Kébao, puits Lanessan, au mur de la couche Descenderie.

Fɪɢ. 3. — **Pterophyllum Portali** n. sp. — Fronde complète.
Kébao, couche G.

Fɪɢ. 4. — **Pterophyllum Portali** n. sp. — Portion inférieure d'une fronde.
Kébao, couche G.

Fɪɢ. 4a. — Portion du même échantillon, grossie une fois et demie.

Fɪɢ. 5. — **Pterophyllum Portali** n. sp. — Portion inférieure d'une fronde.
Kébao, système supérieur, couche n° 2, galerie M.

Fɪɢ. 5a. — Portion du même échantillon, grossie une fois et demie.

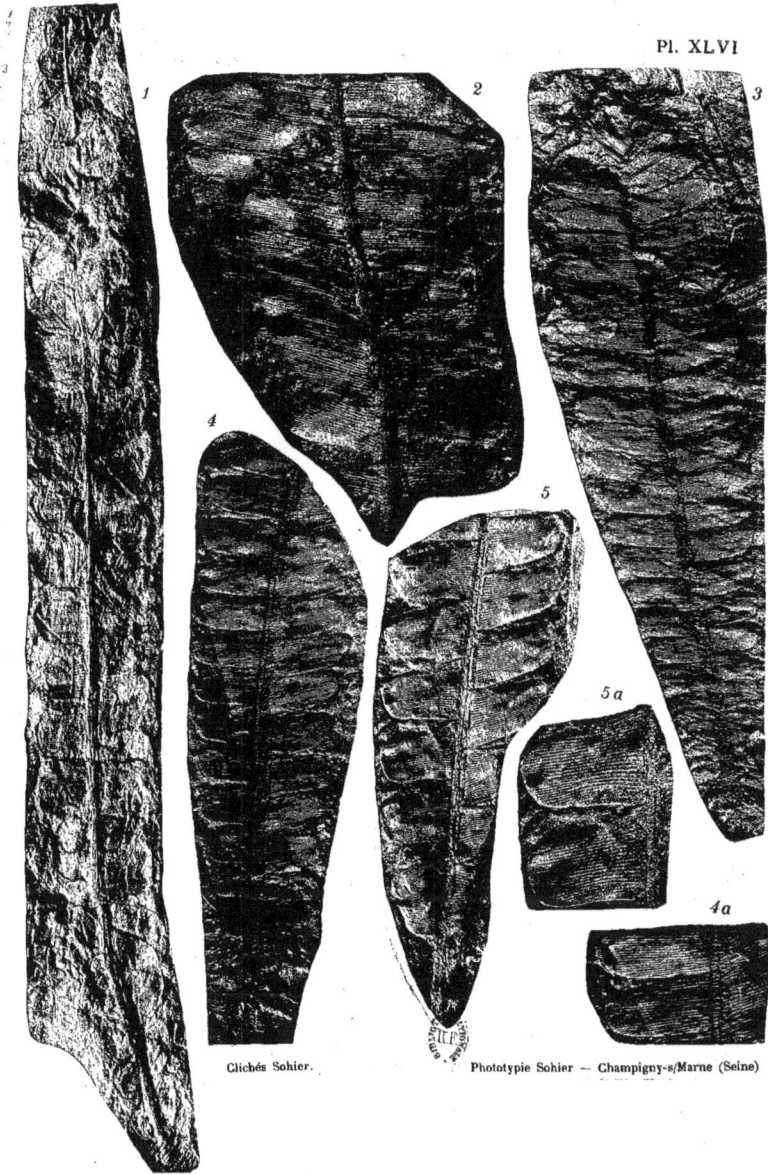

Pl. XLVI

Clichés Sohier.

Phototypie Sohier — Champigny-s/Marne (Seine)

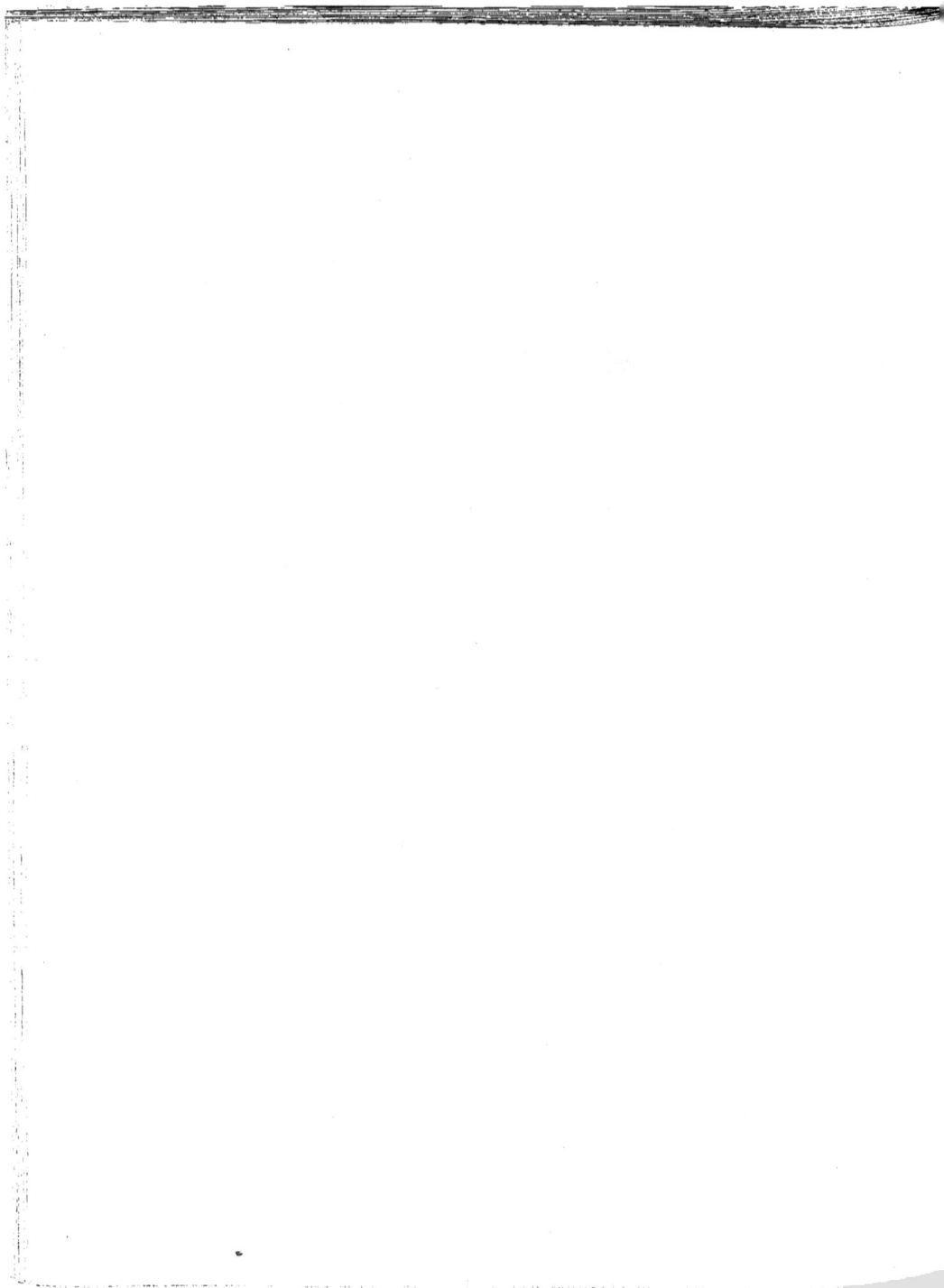

PLANCHE XLVII

PLANCHE XLVII

PLANCHE XLVII.

EXPLICATION DES FIGURES.

Fɪɢ. 1a. — **Pterophyllum Tietzei** Sᴄʜᴇɴᴋ. — Portion inférieure d'une fronde, réduite
aux deux cinquièmes de la grandeur naturelle.
Kébao, mine de Caï-Daï.

Fɪɢ. 1 et 1'. — Portions du même échantillon; grandeur naturelle.

Pl. XLVII.

1a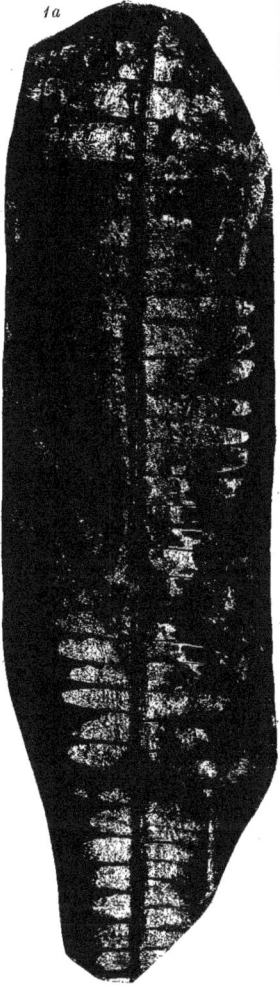

1

1'

Clichés Sohier

Phototypie Sohier — Champigny s/Marne (Seine)

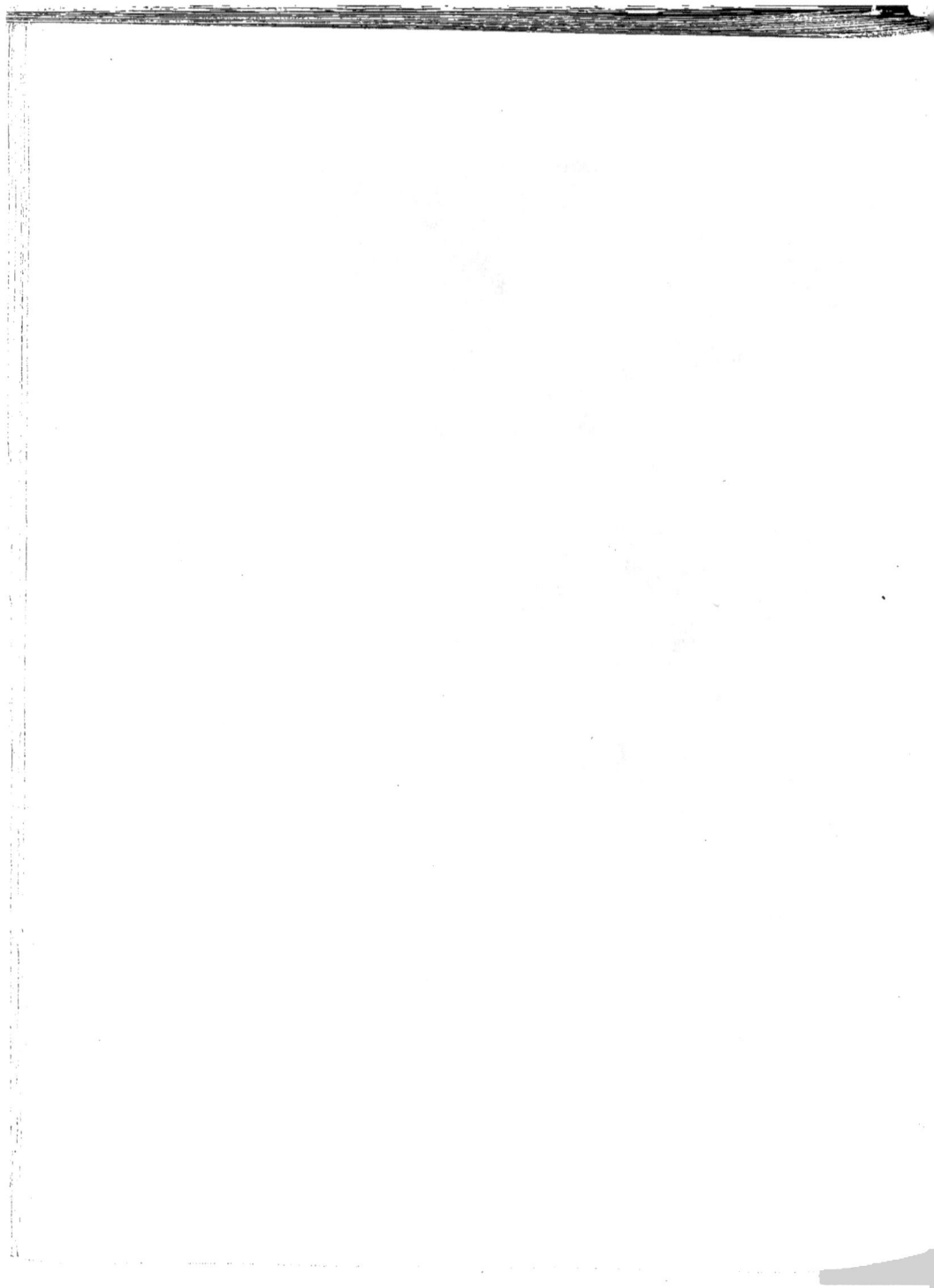

PLANCHE XLVIII

PLANCHE XLVIII.

EXPLICATION DES FIGURES.

Fig. 1. — **Pterophyllum contiguum** Schenk. — Sommet d'une fronde.
   Hongaÿ, mine de Carrère, au toit de la couche Marmottan.

Fig. 2. — **Pterophyllum contiguum** Schenk. — Fronde incomplète.
   Mines de Hongaÿ : Hatou, grande couche, grand banc de schistes.

Fig. 2a. — Portion du même échantillon, grossie deux fois.

Fig. 3. — **Pterophyllum contiguum** Schenk. — Fronde de petite taille, complète.
   Mines de Hongaÿ : Hatou, grande couche, grand banc de schistes.

Fig. 4. — **Pterophyllum contiguum** Schenk. — Fragment de fronde.
   Hongaÿ, mine de Carrère, au toit de la couche Marmottan.

Fig. 4a, 4b. — Portions du même échantillon, grossies deux fois.

Fig. 5. — **Pterophyllum contiguum** Schenk. — Fragment de fronde.
   Hongaÿ, au toit de la couche Marguerite.

Fig. 5a. — Portion du même échantillon, grossie deux fois.

Fig. 6. — **Pterophyllum contiguum** Schenk. — Fragments de frondes.
   Hongaÿ, mine de Carrère, au toit de la couche Marmottan.

Fig. 7. — **Pterophyllum contiguum** Schenk. — Portion supérieure d'une fronde.
   Hongaÿ, rivière des Mines, mine Marguerite.

Fig. 8. — **Pterophyllum contiguum** Schenk. — Fragment de fronde.
   Hongaÿ, au toit de la couche Marguerite.

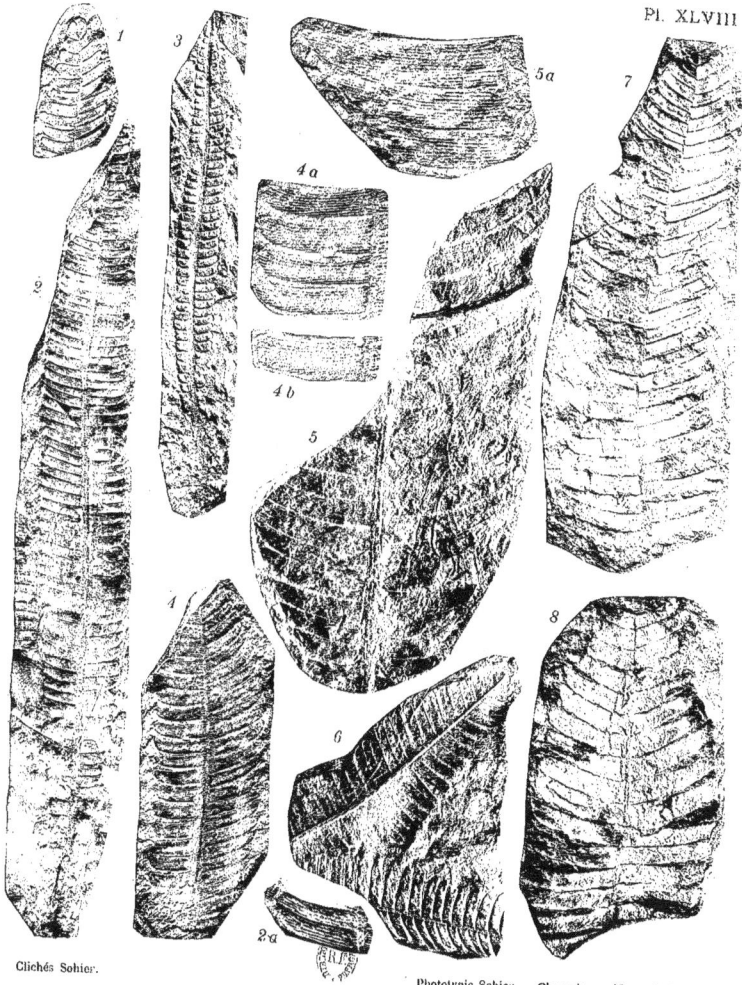

Pl. XLVIII

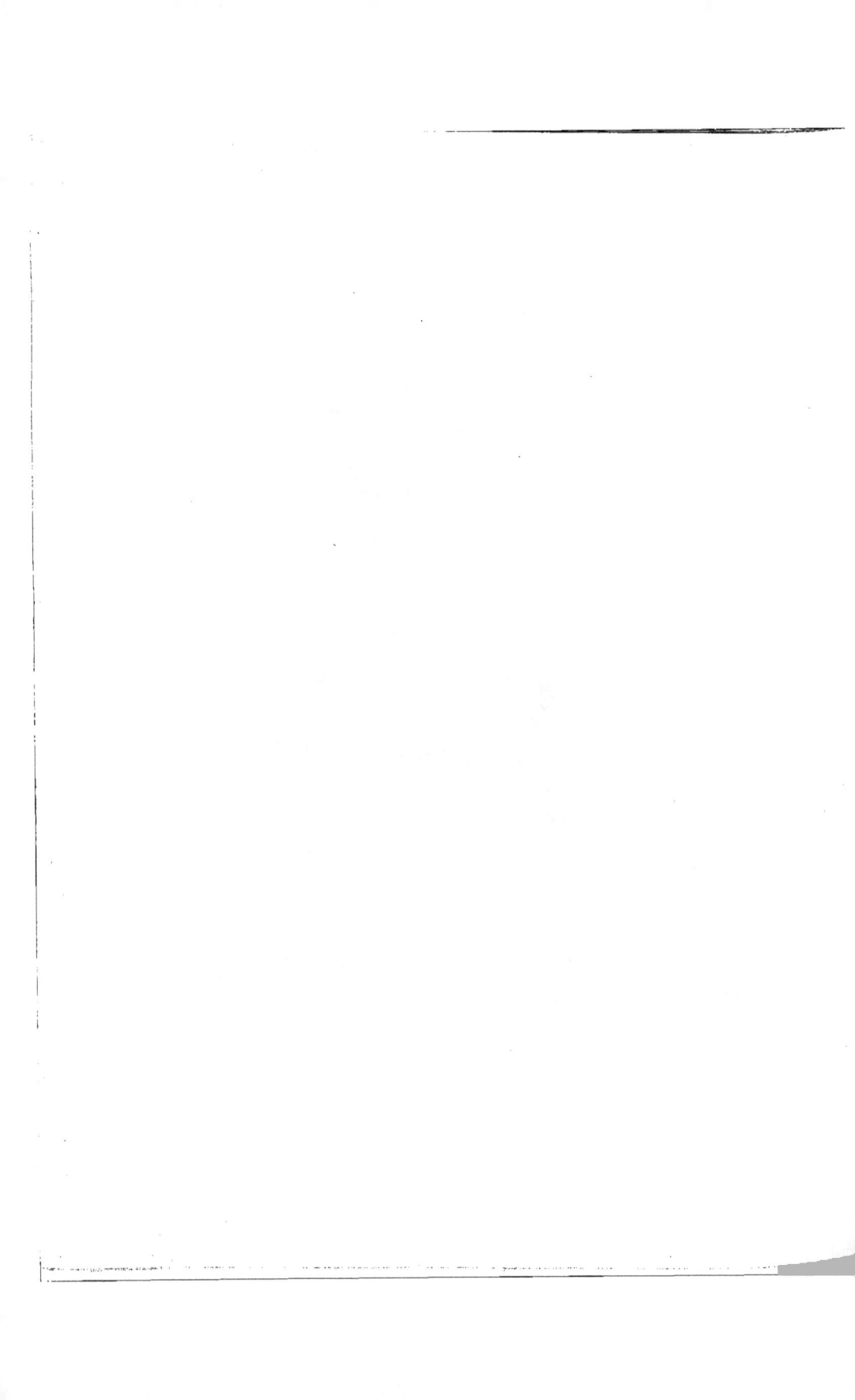

PLANCHE XLIX

PLANCHE XLIX.

EXPLICATION DES FIGURES.

Fig. 1. — **Pterophyllum Bavieri** n. sp. — Fragment de fronde.
Mines de Hongay, découvert de Hatou.

Fig. 2. — **Pterophyllum Bavieri** n. sp. — Fronde presque complète.
Mines de Hongay, découvert de Hatou.

Fig. 3. — **Pterophyllum Bavieri** n. sp. — Fragments de frondes.
Mines de Hongay : Hatou, au toit de la grande couche.

Fig. 3 a. — Portion du même échantillon, grossie deux fois.

Fig. 4. — **Pterophyllum æquale** Brongniart (sp.). — Fronde presque complète.
Hongay, vallée orientale de l'Œuf, galerie Léonice.

Fig. 5. — **Pterophyllum æquale** Brongniart (sp.). — Sommet d'une fronde.
Mines de Hongay : Hatou, grande couche, grand banc de schistes.

Fig. 6. — **Pterophyllum æquale** Brongniart (sp.). — Portion inférieure d'une fronde.
Mines de Hongay : Hatou, grande couche, grand banc de schistes.

Fig. 6 a. — Portion du même échantillon, grossie deux fois.

Fig. 7. — **Pterophyllum æquale** Brongniart (sp.). — Fragment de fronde.
Mines de Hongay : Hatou, grande couche.

Pl. XLIX

Phototypie Sohier — Champigny-s/Marne (Seine)

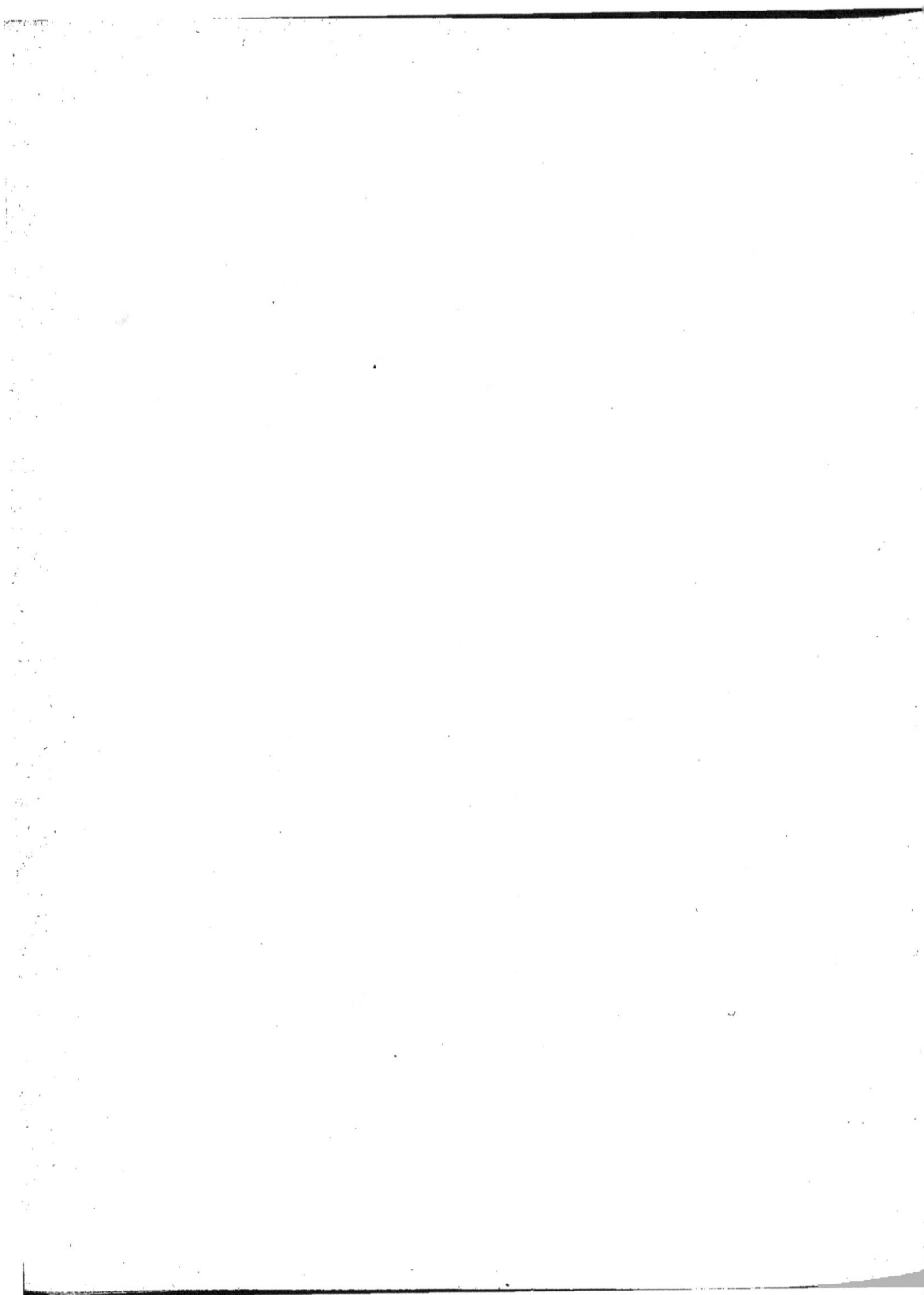

PLANCHE L.

PLANCHE L

PLANCHE L.

EXPLICATION DES FIGURES.

Fig. 1. — **Cycadolepis corrugata** n. sp. — Écaille détachée de Cycadinée.
Hongaÿ, mine de Carrère, au toit de la couche Marmottan.

Fig. 2. — **Cycadolepis corrugata** n. sp. — Écaille détachée de Cycadinée.
Hongaÿ, mine de Carrère, au mur de la couche Chater.

Fig. 3 et 4. — **Cycadolepis corrugata** n. sp. — Écailles détachées de Cycadinées, plus ou moins incomplètes.
Hongaÿ, vallée orientale de l'Œuf, galerie Léonice.

Fig. 4 a. — Portion de l'échantillon fig. 4, grossie une fois et demie.

Fig. 5. — **Cycadolepis granulata** n. sp. — Écaille détachée de Cycadinée.
Kébao, mine Rémaury.

Fig. 6. — **Cycadolepis** cf. **villosa** Saporta. — Écaille détachée de Cycadinée (figurée *Bull. Soc. Géol. de France*, 3ᵉ série, t. XIV, pl. XXV, fig. 4).
Bassin de Hongaÿ.

Fig. 7. — Échantillon d'attribution incertaine, pouvant faire songer à une base d'appareil fructificateur de *Williamsonia*.
Mines de Hongaÿ : Hatou, au mur de la grande couche.

Fig. 8. — Écailles d'attribution incertaine.
Mines de Hongaÿ : Hatou, grande couche, grand banc de schistes.

Fig. 9. — **Conites** sp. — Cône de fructification d'attribution incertaine, fendu longitudinalement :
Hongaÿ, île du Sommet Buisson, tranchée en avant de la galerie Jean.

Fig. 9 a. — Portion du même échantillon, grossie deux fois.

Fig. 10. — **Conites** sp. — Cône de fructification d'attribution incertaine, vu extérieurement.
Mines de Hongaÿ : Hatou, grande couche, grand banc de schistes.

Fig. 11. — **Conites** sp. — Cône de fructification d'attribution incertaine, vu extérieurement.
Hongaÿ, rivière des Mines, mine Marguerite.

Fig. 12. — **Conites** sp. — Cône de fructification d'attribution incertaine, vu extérieurement.
Mines de Hongaÿ : Hatou, grande couche, grand banc de schistes.

Fig. 13 et 14. — **Conites** sp. — Débris de cône et cône de fructification à écailles hexagonales rappelant le *Kaidacarpum sibiricam* Heer.
Mines de Hongaÿ : Hatou, au mur de la grande couche.

Fig. 15. — **Conites Leclerei** n. sp. — Empreinte d'un cône de fructification d'attribution incertaine.
Kébao.

Fig. 15 a. — Portion du même échantillon, grossie deux fois.

Fig. 16. — **Baiera Guilhaumati** n. sp. — Feuille complète.
Mines de Hongaÿ : Nagotna, au mur de la couche Bavier.

Fig. 17 et 18. — **Baiera Guilhaumati** n. sp. — Portions de feuilles.
Mines de Hongaÿ : Nagotna, au mur de la couche Bavier.

Fig. 17 a. — Portion de feuille de l'échantillon fig. 17, grossie une fois et demie.

Fig. 19. — **Baiera Guilhaumati** n. sp. — Fragments de feuilles.
Mines de Hongaÿ : Nagotna.

Fig. 20. — Organes d'attribution problématique (figurés *Bull. Soc. Géol. de France*, 3ᵉ série, t. XIV, pl. XXV, fig. 5).
Bassin de Hongaÿ.

Fig. 20 a. — Portion du même échantillon, grossie une fois et demie.

Pl. L

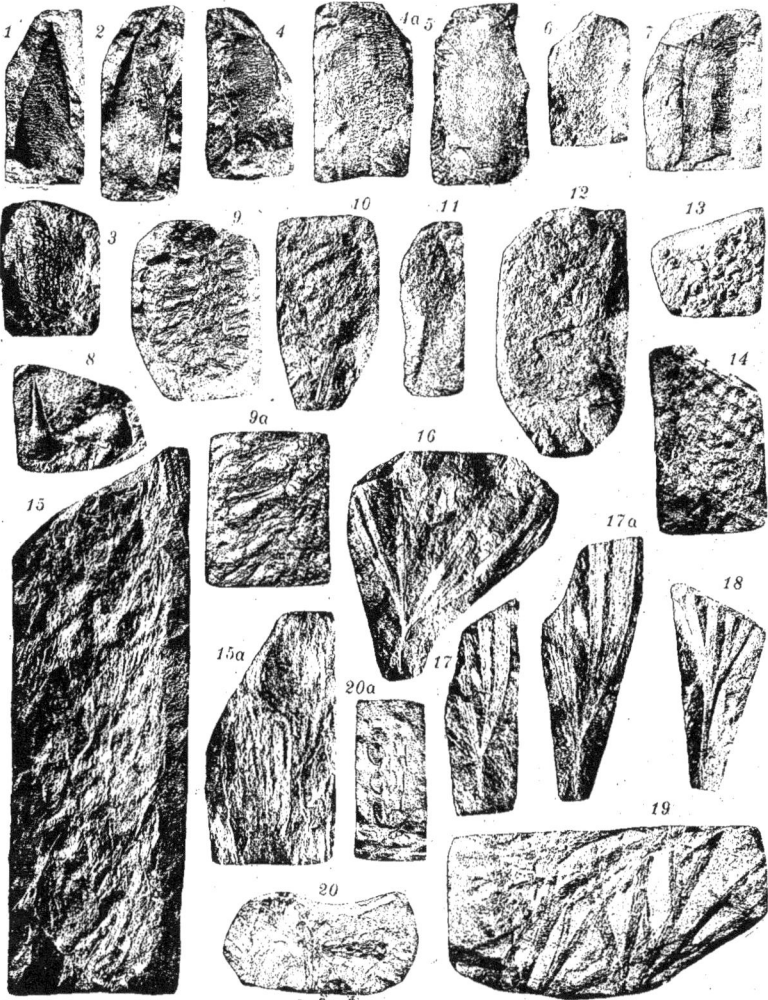

Phototypie Sohier — Champigny-s/Marne (Seine)

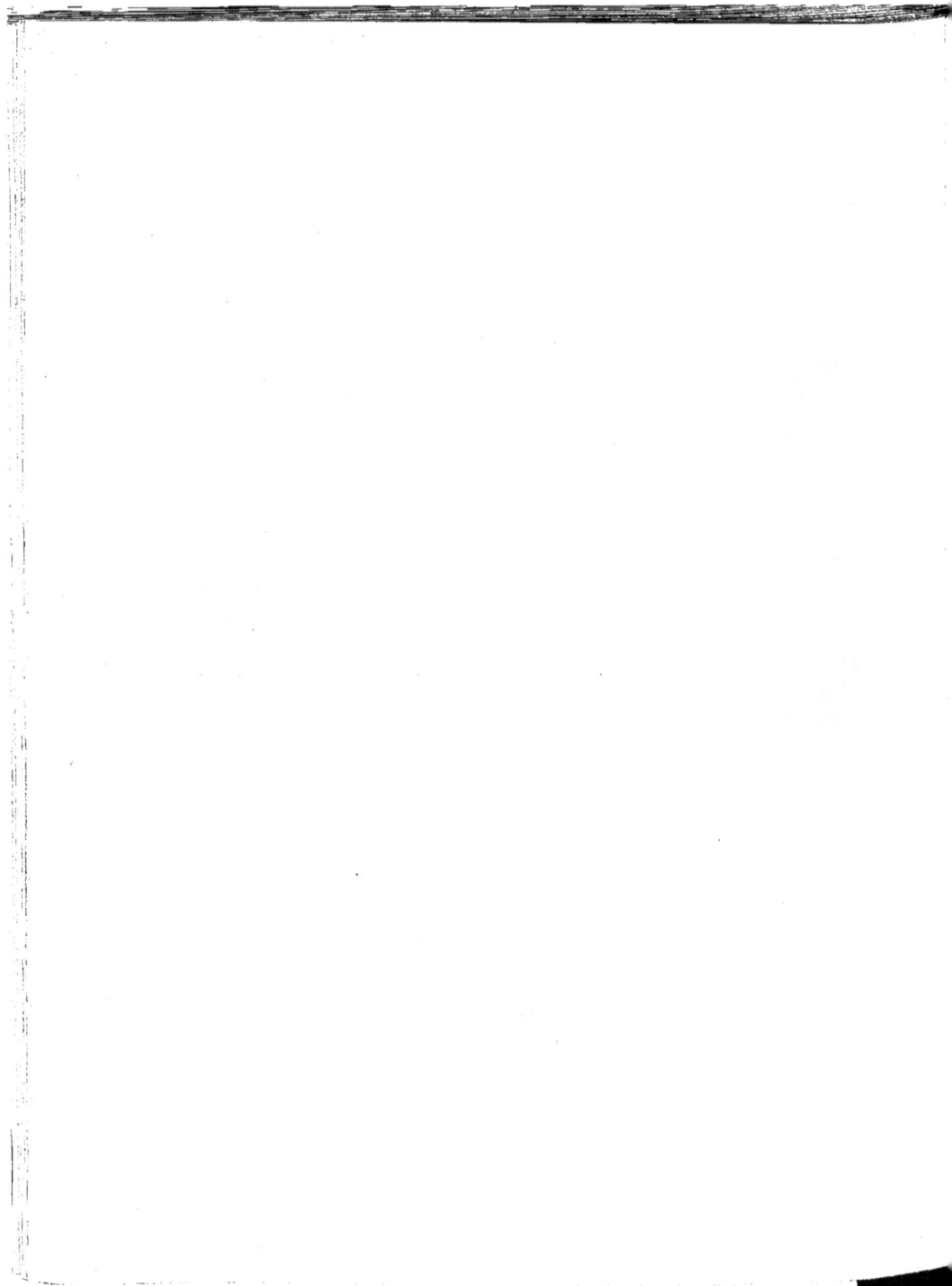

PLANCHE LI.

EXPLICATION DES FIGURES.

Fig. 1 (à gauche). — **Angiopteris** (?) sp. — Fragment de penne.
Yen-Baï.

Fig. 1 (à droite). — **Selliguea** sp. — Fragment de fronde.
Yen-Baï.

Fig. 1a. — Portion de la même penne, grossie deux fois.

Fig. 2. — **Salvinia formosa** Heer. — A la partie supérieure de l'échantillon, deux
feuilles encore groupées par paire; vers le bas, une seule des feuilles de
la paire voisine.
Yen-Baï.

Fig. 2a. — Feuille du même échantillon, grossie deux fois.

Fig. 2a'. — Portion de la même feuille, grossie quatre fois.

Fig. 3. — **Salvinia formosa** Heer. — Feuille isolée.
Yen-Baï.

Fig. 4 à 13. — **Ficus Beauveriei** n. sp. — Fragments de feuilles et feuilles plus ou
moins complètes, montrant les variations de forme et de taille.
Yen-Baï.

Fig. 8a. — Portion de l'échantillon fig. 8, grossie cinq fois.

Pl. LI.

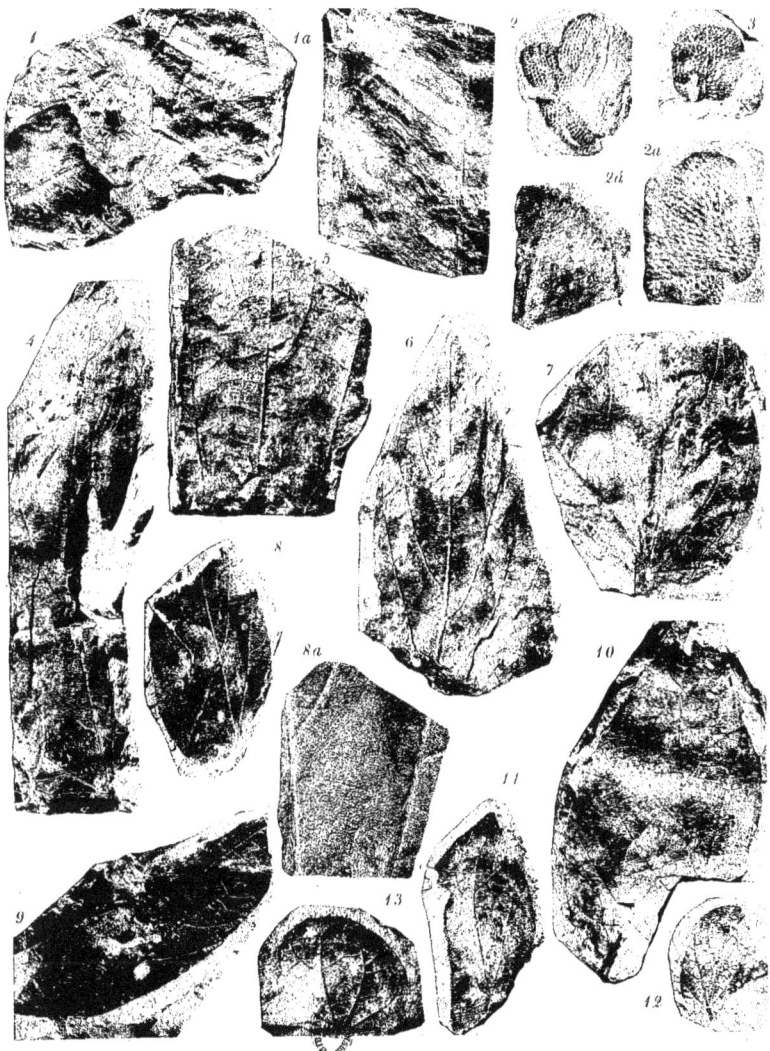

Clichés Sohier

Phototypie Sohier — Champigny s/Marne (Seine)

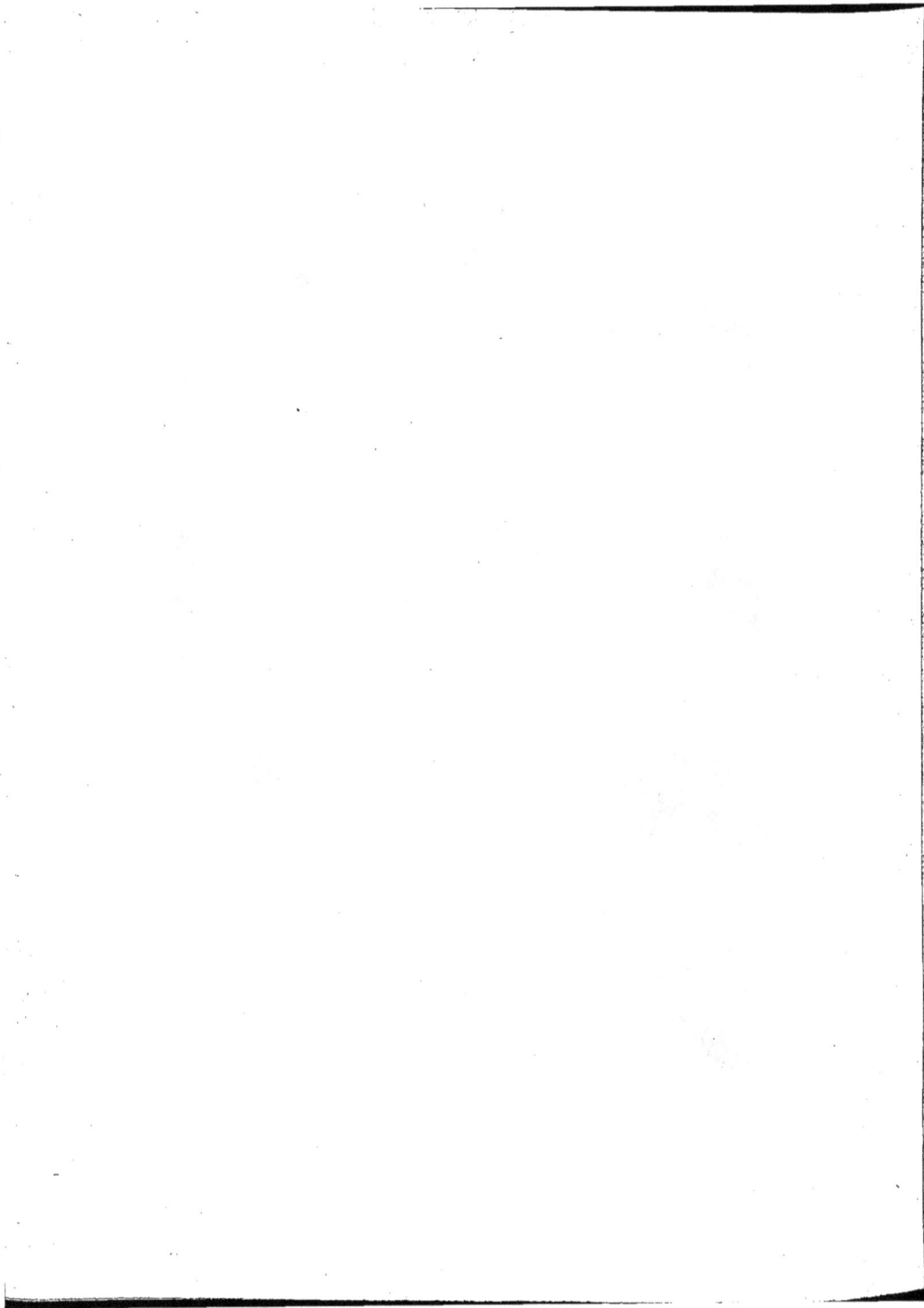

PLANCHE LII

PLANCHE LII.

EXPLICATION DES FIGURES.

Fig. 1. — **Flabellaria** sp. — Base d'une feuille flabellée de Palmier.
Yen-Baï.

Fig. 2. — **Poacites** sp. — Fragment de feuille rubanée appartenant à une Monocoty-
lédone.
Yen-Baï.

Fig. 2 a. — Portion du même fragment de feuille, grossie deux fois.

Fig. 3. — **Phyllites** sp. — Fragment d'une grande feuille de Dicotylédone, d'attribution
incertaine.
Yen-Baï.

Fig. 4. — **Phyllites** sp. — Feuille de Dicotylédone incomplète, d'attribution incertaine.
Yen-Baï.

Fig. 5. — **Phyllites** sp. — Feuille de Dicotylédone incomplète, d'attribution incertaine.
Yen-Baï.

Fig. 6. — **Phyllites** sp. — Feuille de Dicotylédone incomplète, d'attribution incertaine.
Yen-Baï.

Fig. 7. — Fruit ou graine, d'attribution incertaine.
Yen-Baï.

Pl. LII.

Prototype Sohier — Champigny s/Marne (Seine)

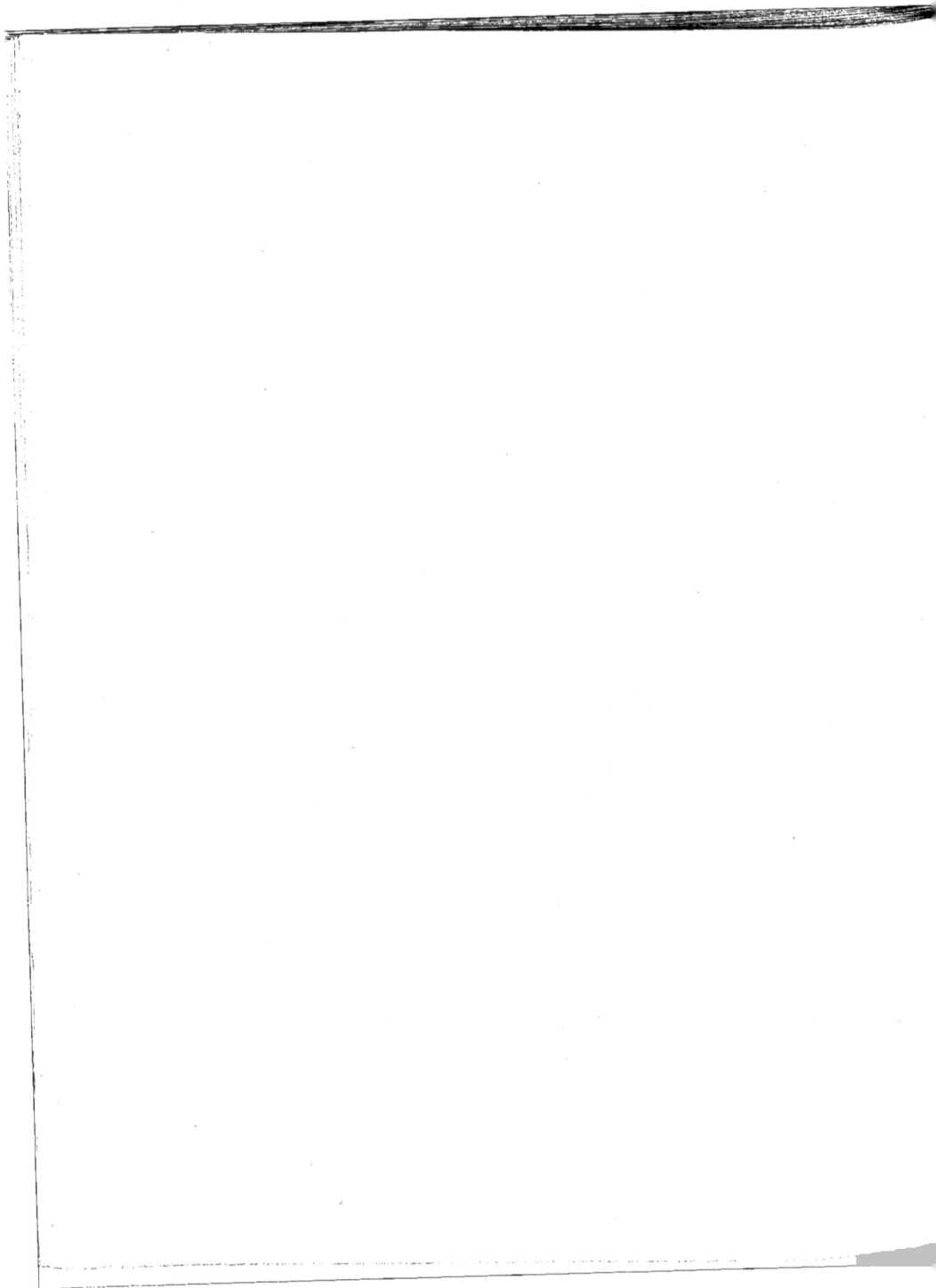

PLANCHE LIII

PLANCHE LIII.

EXPLICATION DES FIGURES.

Fɪɢ. 1. — **Gerablattina elegans** Sᴄᴜᴅᴅᴇʀ (n. sp.). — Aile détachée.
Mines de Hongaÿ : Hatou, grande couche.

Fɪɢ. 1a. — La même aile, grossie cinq fois.

Fɪɢ. 2. — **Etoblattina obscura** Sᴄᴜᴅᴅᴇʀ (n. sp.). — Aile détachée, incomplète.
Kébao, système supérieur, couche n° 2, galerie M.

Fɪɢ. 2a. — La même aile, grossie cinq fois.

Fɪɢ. 3. — **Etoblattina brevis** Sᴄᴜᴅᴅᴇʀ (n. sp.). — Aile détachée.
Mines de Hongaÿ : Hatou, au mur de la grande couche.

Fɪɢ. 3a. — La même aile, grossie cinq fois.

Fɪɢ. 4. — Coquille d'Ammonitidée (?). Moule charbonneux.
Mine de Trang-Back, galerie d'allongement Ouest, au toit d'une couche.

Fɪɢ. 5. — **Vivipara (Tylotoma) cf. Sturi** Nᴇᴜᴍᴀʏʀ. — Coquille dégagée de la roche.
Yen-Baï; calcaires cristallins.

Fɪɢ. 5′. — Le même échantillon, vu de l'autre côté.

Fɪɢ. 6 à 9. — **Vivipara (Tylotoma) cf. Sturi** Nᴇᴜᴍᴀʏʀ. — Coquilles dégagées de la
roche.
Yen-Baï; calcaires cristallins.

Fɪɢ. 10 et 11. — **Unio** sp. — Moules internes.
Yen-Baï; grès argileux.

N. B. — Les fig. 1 à 3 ne sont pas toutes trois orientées de même, l'orientation ayant
été déterminée par le choix du meilleur éclairement.

Pl. LIII

1

2

1 a

2 a

3

4

3 a

5   5'   6

11

7   8   9

10

Clichés Sohier

Phototypie Sohier — Champigny-s/Marne (Seine)

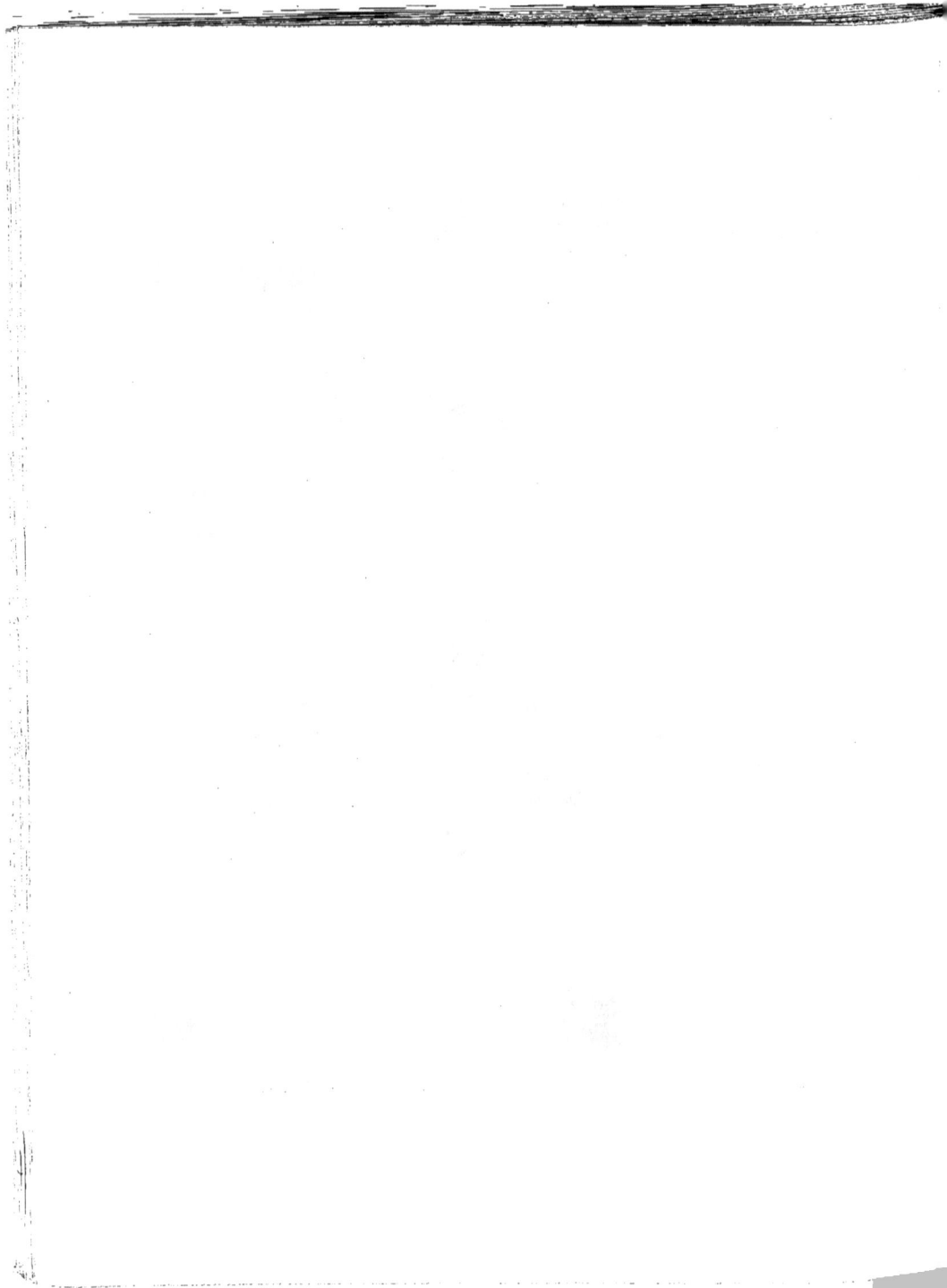

PLANCHE LIV

PLANCHE LIV

PLANCHE LIV.

EXPLICATION DES FIGURES.

Fig. 1 et 2. — **Cladophlebis (Todea) Rœsserti** Presl (sp.). — Fragments de pennes.
Taï-Pin-Tchang (Yunnan).

Fig. 3 et 4. — **Ctenopteris Sarrani** n. sp. — Fragments de frondes.
Taï-Pin-Tchang.

Fig. 5. — **Tæniopteris** cf. **immersa** Nathorst. — Fronde incomplète.
Taï-Pin-Tchang.

Fig. 5 a. — Portion du même échantillon, grossie une fois et demie.

Pl. LIV

Phototypie Sohier — Champigny-s/Marne (Seine)

PLANCHE LV.

PLANCHE LV

PLANCHE LV.

EXPLICATION DES FIGURES.

Fig. 1. — **Tæniopteris Leclerei** n. sp. — Fragment de fronde, vu en dessus.
Taï-Pin-Tchang (Yunnan).

Fig. 1a. — Portion du même échantillon, grossie deux fois.

Fig. 2. — **Tæniopteris Leclerei** n. sp. — Fragment de fronde, vu en dessous.
Taï-Pin-Tchang.

Fig. 3. — **Tæniopteris Leclerei** n. sp. — Fragment de fronde, vu en dessus.
Taï-Pin-Tchang.

Fig. 3a. — Portion du même échantillon, grossie deux fois.

Fig. 4. — **Tæniopteris Leclerei** n. sp. — Frondes incomplètes, mais dont l'une, celle
de droite, se suit jusqu'à son pétiole.
Taï-Pin-Tchang.

Fig. 4a. — Portion de l'une des frondes du même échantillon, prise vers l'angle supérieur de gauche, grossie deux fois.

Pl. LV

1

2

4 a

1 a

3

3 a

4

PLANCHE LVI

PLANCHE LVI.

EXPLICATION DES FIGURES.

Fɪɢ. 1. — **Glossopteris indica** Sᴄʜɪᴍᴘᴇʀ. — Fragment de fronde.
Taï-Pin-Tchang (Yunnan).

Fɪɢ. 1a. — Portion du même échantillon, grossie deux fois.

Fɪɢ. 2. — **Glossopteris angustifolia** Bʀᴏɴɢɴɪᴀʀᴛ. — Partie supérieure d'une fronde.
Taï-Pin-Tchang.

Fɪɢ. 2a. — Portion du même échantillon, grossie deux fois et demie.

Fɪɢ. 3. — **Dictyophyllum Nathorsti** n. sp. — Fragment de penne.
Taï-Pin-Tchang.

Fɪɢ. 4. — **Clathropteris platyphylla** Gᴏᴇᴘᴘᴇʀᴛ (sp.). — Fragment de penne.
Taï-Pin-Tchang.

Fɪɢ. 5. — **Pterophyllum** sp. — Portion de fronde.
Taï-Pin-Tchang.

Fɪɢ. 6. — **Pterophyllum (Anomozamites) inconstans** Bʀᴀᴜɴ (sp.). — Fronde de petite
taille, incomplète.
Taï-Pin-Tchang.

Fɪɢ. 7. — **Ptilophyllum acutifolium** Mᴏʀʀɪs. — Fragment de fronde.
Taï-Pin-Tchang.

Fɪɢ. 7a. — Portion du même échantillon, grossie deux fois et demie.

Fɪɢ. 8. — **Ptilophyllum acutifolium** Mᴏʀʀɪs, var. *tenerrimum* Fᴇɪsᴛᴍᴀɴᴛᴇʟ. — Fragment
de fronde.
Taï-Pin-Tchang.

Pl. LVI

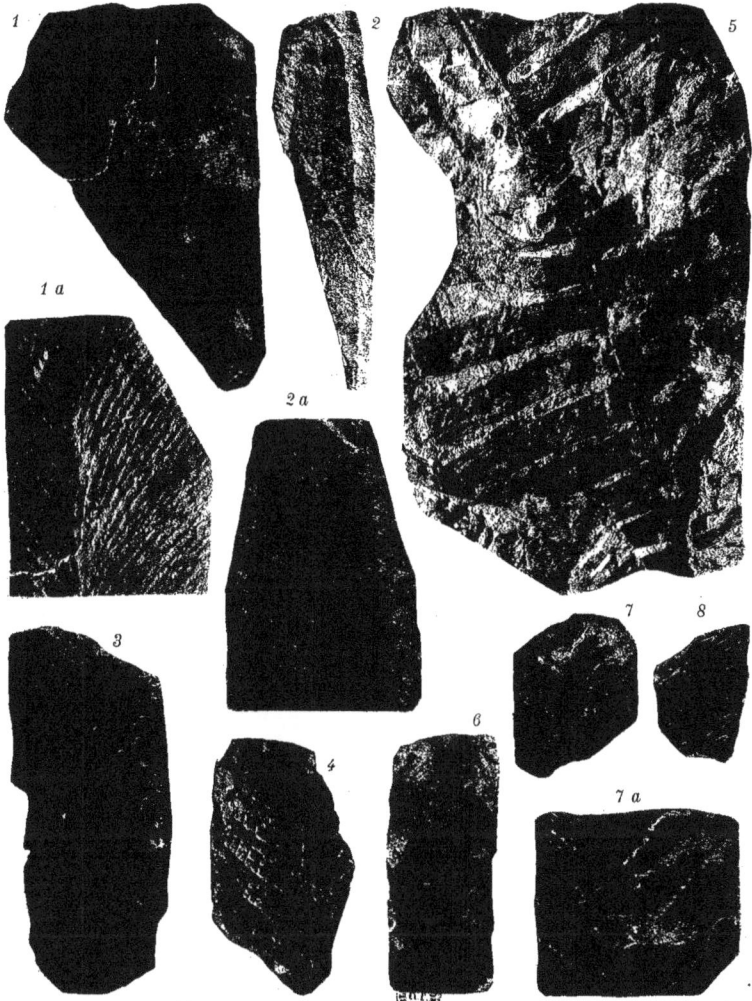

Phototypie Sohier — Champigny-s/Marne (Seine)

www.ingramcontent.com/pod-product-compliance
Lightning Source LLC
Chambersburg PA
CBHW070503200326

41519CB00013B/2700